U0180263

一手好茶艺

绿然花 —— 著

中国铁道出版社有限公司
CHINA RAILWAY PUBLISHING HOUSE CO., LTD.

内容简介

本书共分九章，第一章讲述茶之史、茶区及茶叶不可不知的常识和误区；第二章讲述备器择具、选水候汤之法；第三章至第八章分别讲述绿茶、红茶、青茶、黑茶、黄茶和白茶六大茶类，将每大茶类的细分项以及冲泡艺术、著名茶品都逐一解析；第九章讲述茶艺、茶道、茶席、茶礼等内容。

本书内容详尽，以图文并茂形式将茶内里为读者一一解读，适合资深好茶者也适合新茶人阅读。

图书在版编目（CIP）数据

一手好茶艺/绿然花著. —北京:中国铁道出版社有限公司，2022.7

ISBN 978-7-113-28981-2

I. ①一… II. ①绿… III. ①茶艺-中国 IV. ①TS971.21

中国版本图书馆CIP数据核字(2022)第054138号

书　　名：**一手好茶艺**
YI SHOU HAO CHAYI

作　　者：绿然花

责任编辑：郭景思　　　　编辑部电话：(010)51873064　　　邮箱：guojingsi@sina.cn

封面设计：闰江文化

责任校对：焦桂荣

责任印制：赵星辰

出版发行：中国铁道出版社有限公司（100054，北京市西城区右安门西街8号）

印　　刷：北京柏力行彩印有限公司

版　　次：2022年7月第1版　2022年7月第1次印刷

开　　本：710 mm×1 000 mm 1/16　印张：22.25　字数：605千

书　　号：ISBN 978-7-113-28981-2

定　　价：98.00 元

前言

　　在快节奏的社会中，品茶无疑是一种能让人停下匆忙脚步、静心体味生活的方式。但喝茶容易，品茶难，从爱茶人到懂茶人的蜕变，关键在于掌握品茶的真谛。本书从茶史、茶识出发，以清晰、详尽、易懂的图文方式，让你爱上茶、品好茶！

　　在茶的世界里，你可以追求口感的多样，追求茶道的忘我，追求复杂的仪式，也可以将品茶化为生活中最简单的快乐。本书旨在为饮茶者提供一个参考，让他们从书中汲取茶的常识、茶的意境、茶的技艺。让喝茶人识茶、鉴茶、懂茶，让从未接触过茶的人喜欢上茶。

　　本书全维度涵盖茶的知识，帮助你选好水、用好器、品好茶，感悟人生真谛，用简练的文字和精美的图片，使你快速从对茶叶一知半解进阶为茶道高手，成为一个真正懂茶的人。让你一书在手，茶艺全有。

目录

第一章 溯之源，晓茶事

第二章 器为基，水交融

第三章 识绿茶，品佳茗

第四章 识红茶，品佳茗

第五章 识青茶，品佳茗

第六章 识黑茶，品佳茗

第七章 识黄茶，品佳茗

第八章 识白茶，品佳茗

第九章 茶之艺，礼为基

第一章

溯之源，晓茶事

茶说

中国是茶的故乡，是世界上最早发现茶树、利用茶树树叶和栽培茶树的国家，也是世界茶道的发祥地。茶的发现和利用至今已有几千年历史。

☯ 南方嘉木

茶，在古代也被称为"茶""槚""茗""荈"等，是指可以用来冲泡的灌木茶树树叶。中国乃至世界现存最早介绍茶的专著——《茶经》中第一句就说到茶是中国南方的嘉木，"嘉木"一词在古代语言中要比一般的"最优良的树木""最珍贵的树木"还要"珍贵"，是柔与美的结合。例如，苏轼的《叶嘉传》中就提到茶叶是"嘉叶"，以诗句"风味恬淡，清白可爱"来形容茶叶。

茶依现代植物学特征可以分为树种、根、茎、叶、花、果实、种子等，了解茶的植物学特征能更好地识茶。

茶树的树种。根据茶树高度的不同可分为乔木、半乔木和灌木三类。树高5米以上的为乔木，树高2米以下的为灌木，介于二者之间的为半乔木。

茶树的根。茶树幼苗的根为直根系，主根明显，侧根不发达，随着茶树年龄的增长，主根不断分枝，形成分枝根系。茶树的根系有趋肥性和向水性，根系细胞中的液泡中含有较多的有机酸，对碱缺乏缓冲性，根的分布与植物的地上部分有对称性。

茶树的茎。根据生长部位和年龄的不同，其性质也不相同。主茎、主梢有很强的生长优势，一般来说，上部的枝条比下部的枝条阶段发育更为成熟，更容易开花结果。此外，茶丛内部的侧位枝条营养较差，很容易形成对夹叶，节间短，易成熟，易产生花果，影响茶叶产量。

乔木型　　　　　半乔木型　　　　　灌木型
树高大于5米　　树高2～5米　　　树高小于2米

小常识

乔木型茶树主要在云南高原中生长，其中云南的古茶树均为乔木型茶树。

半乔木型茶树多分布在广东、福建一带。

灌木型茶树多分布在长江流域茶区。

茶树的叶。叶片包括鳞片、鱼叶和真叶。鳞片的作用是保护芽头，其寿命很短，在茶芽开始生长时就会脱落；鱼叶也叫作奶叶，是新梢生长初期展开的过渡性叶片，叶厚、质脆、侧脉不显、边缘光滑或锯齿不全。鱼叶一般有1~3片，有哺育幼芽的作用，寿命短则一周，长可达半年；真叶一般在鱼叶之上，可分为幼叶、成叶和老叶三种，根据叶形又可以分为椭圆形、反椭圆形、倒卵形、柳叶形、披针形等。真叶的寿命一般为1年。

茶树鲜叶、花朵、果实

茶树播种后一般3~6年开花，花芽在上一季新梢的叶腋中产生，5~6年的开花最多，茶花由花萼、花瓣、雌蕊和雄蕊组成，属于两性花。

茶树果实一般春季长出，10~11月份成熟，生育周期为1.5年，果实成熟前为绿色、光滑，成熟时为绿褐色或棕褐色。

茶树成熟的种子呈黑褐色，分外种皮、内种皮和种仁三部分，内种皮为赤褐色，种仁由胚芽、胚根胚茎和子叶组成。种子直径为12~20毫米，粒重1~1.6克。

树梢鲜叶

茶树鲜叶是指专门供制茶用的茶树新梢。鲜叶的形态包括叶片的大小、叶片的形状、叶片的厚度、梗的长度和节间的长度等，不同形态的鲜叶用于制作不同品种的茶，这样才能得到最好的品质。

鲜叶根据叶片大小的不同，可分为大叶种、中叶种和小叶种。叶片长度大于10厘米的为大叶种，叶片长度小于6厘米的为小叶种，介于二者之间的为中叶种。

鲜叶的形状有很多种，如椭圆形、长椭圆形、卵圆形、倒卵圆形、披针形、倒披针形、柳叶形等，但从制茶角度上划分，只分为圆叶形和长叶形，叶片长度是宽度的2.2倍以上的为长叶形，否则为圆叶形。长叶形适合用来制作条形茶和珠形茶，圆叶形适合制作扁形茶。

鲜叶的叶片厚度一般为0.2毫米左右，叶片的厚度会随着生长年龄的增加而增大，一般较厚的叶片比较薄的叶片质量好。

茶树的鲜叶

鲜叶的梗和节间的长度也与成品茶的质量有着密切的关系。一般来说，大叶种的梗比小叶种的梗要长，中小叶种的节间很短，适合制作珠形茶和圆形茶。

茶树鲜叶的采摘是茶叶制造过程中的第一步，而鲜叶质量的好坏也直接影响到成品茶品质的优劣。

追本溯源

"神农尝百草，一日遇七十二毒，得茶而解之"，在《神农本草》中记述了茶的使用。对于茶最开始是食用还是药用，很长时间对此看法众说纷纭，有人认为，茶先作为祭品，近而作为菜食，再作为药用，直至成为饮料；也有人认为，茶最初是作为药用进入人类生活的。

在《礼记·礼运》中"未有火化，食草木之实、鸟兽之肉，饮其血，茹其毛，未有麻丝，衣其羽毛"；西汉思想家陆贾在《新语·道基》中记载："至于神农，以为行虫走兽难以养民，乃求可食之物，尝百草之实，察酸苦之味，教民食五谷。"以上文献中可以看出原始人为了果腹，收集各种植物的花、叶、茎、根等来充饥，只要不会中毒，就不会影响原始人对其加以食用。

不难推断，茶叶最初使用是从食用开始的，因为在食不果腹的原始社会，为了生存，会扩大食物来源。茶树的鲜叶在食用后，发现其对一些疾病也存在功效。至此，茶叶的药用功能逐步被发现。对于茶叶的药用价值，在很多古书中均有记载。西汉儒生所著的《神农食经》中记载"茶茗久服，令人有力、悦志"，说明长久的服用茶叶具有强身健体、提神醒脑的作用；三国名医华佗在《食论》中也提到"苦茶久食益意思"；唐代苏敬等编写的《唐本草》中提到"茶味甘苦，微寒无毒、主瘘疮，利小便，去痰热渴，主下气，消宿食……下气消食，作饮，加茱萸、葱、姜良"。

土家族的擂茶

众多的史料记载，茶的药用越来越广泛，在成为正式饮料之前，茶叶一直被当作药用。

茶是建立在食用和药用的基础上逐步发展为饮料的，而且茶的饮用一直延续至今。

四大传说

关于"中国茶史"的起源，到目前为止是众说纷纭，大致说来，有神农说、商周说、西汉说、三国说。

▼ 神农说

唐代"茶圣"陆羽根据《神农食经》"茶茗久服，令人有力、悦志"的记载，认为饮茶始于神农时代，"茶之为饮，发乎神农氏"（《茶之饮》）。

传说中上古时期的神农氏，诞生于烈山（今湖北省随州九龙山南麓），成长在姜水（今陕西省宝鸡市）。

神农饮茶图

神农发现茶的传说普遍有两种说法。其一是说神农为了给民众治病，经常往来于深山老林中，一天，神农不小心尝到有毒的草，而后感到头晕目眩、舌头发麻，此时突然一阵风吹过带来几片绿油油的清香叶子，神农拣出几片放在口中咀嚼，口中突然清香弥漫，且感觉舌根生津，精神也随着振奋，刚尝毒草而引发的症状竟随之消散。后来神农将这些独特的叶子带回家中研究，并将其命名为"茶"。

其二是说神农经常往来于山中，一天，神农采集大量草药，并在大树底下生火起锅，但溪水入锅沸腾之时，忽有几片绿叶飘进锅中，不一会儿锅中便散发出一股清香，神农好奇走近查看，发现沸水中的绿叶已经变成黄绿，且随着蒸汽的上升不时有清香飘进鼻孔。他随即舀起锅中汁水饮用，发现味道苦涩，但香气扑鼻，口中生津甘甜。他感到身上的疲惫感消失，头脑更加清醒，不觉大喜。后来神农继续研究树叶，并随后发现几棵野生的大茶树。神农氏随之将其命名为"茶"，即今天的茶。

"茶圣"陆羽雕像

▼ 商周说

据东晋常璩所撰《华阳国志·巴志》载："巴子国"土植五谷，牲具六畜……茶、蜜、灵龟、巨犀、山鸡、白雉、黄润鲜粉，皆纳贡之。其果实之珍者，树有荔枝，蔓有辛蒟，园有芳蒻、香茗。"

常璩指出，进贡的"芳蒻、香茗"不是野生采集的，而是园林中种植的。芳蒻是一种香草，香茗指茶。此说法表明，生活在陕西南部的古代巴人，至少已有3 000多年用茶、种茶的历史了。

▼ 西汉说

清代著名学者郝懿行在《证俗文》中指出："茗饮之法，始见于汉末，而已萌芽于前汉。司马相如《凡将篇》有'荈诧'，王褒《僮约》有'武阳买茶'。"郝懿行认为饮茶的历史开始于东汉末，而萌芽于西汉。

王褒的《僮约》中提到"烹荼尽具""武阳买荼"等，经考据"荼"即为今天的茶。而武阳即今四川省眉山市彭山区，说明四川在西汉宣帝神爵三年（公元前59年），便有了饮茶行为。

若中国的饮茶始于西汉，而饮茶晚于茶的食用、药用，那么中国人发现茶和用茶则应远在西汉之前，甚至可以追溯到商周时期。

▼ 三国说

《三国志·吴书·韦曜传》有"密赐茶荈以代酒"，这种能代酒的饮料当为茶饮料，证明吴国宫廷已经饮茶。据此，《南窗纪谈》认为中国饮茶始于三国，《集古录》则认为始于魏晋。

三国时代东吴饮茶是确凿无疑，然而东吴之茶当传自巴蜀，巴蜀的饮茶要早于东吴，因此，中国的饮茶应早于三国时代。

滋生环境

现代科学认为，茶树的生长主要受光照、水分和土壤的影响。茶树的生长环境主要包括气候和土壤条件。

▼ 气候条件

《茶经》中提到"阳崖阴林""阴山坡谷"，这些地方的日照时间、日照强度、气候温差、湿度等均较为适宜茶树的生长。最适合茶树生长的温度为18℃～25℃，当温度低于5℃或高于40℃，都会使茶树停止生长甚至死亡，而不同的茶树品种对温度的适应性也是不同的，一般小叶种的生命力要强于大叶种。

中国自古就有"高山云雾出好茶"的说法，这是因为高海拔山区云雾多、湿度大、日照长、紫外光照射多，这样的环境下，茶树的茶芽柔嫩，芬芳物质增多，制成的成品茶滋便味醇而不苦。

茶树生长环境的光照条件对茶叶的品质和产量影响很大，在日照充足条件下生长的茶树比较适合用来制作红茶，而在光照较弱的条件下生长的茶树则更适合制作绿茶。

茶树性喜潮湿，降水量太少的地方不适合茶树生长，但湿度太大，又容易使茶树产生霉病、茶饼病等病症。因此，适量而均匀的降水才是茶树健康成长的关键。

▼ 土壤条件

土壤是树木生长之必须，茶树生长所需要的养分和水分均在土壤中获取，因此土壤的保肥性、酸碱度、保水性等均影响茶树的生长。陆羽的《茶经》中提到茶树生长所需土壤，"上者生烂石，中者生砾壤，下者生黄土"，即说茶树生长的土壤以烂石为上，砾壤中等，黄土最次。适合茶树生长的土壤要求排水良好、表土深厚、富含腐殖质及矿物质为佳，pH值在4.5～6之间最适合。

千年传承

▼ 远古时期到南北朝时期

自神农尝百草而发现茶，在战国以后，很多文献汇总都出现了"荼"的记载，最早关于茶树记载的是晋代常璩所撰写《华阳国志·巴志》，里面提到"周武王伐纣，实得巴蜀之师，……茶蜜……皆纳贡之"。这一记载表明在周朝武王伐纣时，当时的巴国（现今的四川）就已经以茶等其他珍贵的产品进贡给周武王了，说明那时候就已经有人工栽培的茶园。

▼ 隋朝时期

隋朝时，国家得到统一，经济飞速发展，并开凿了南北大运河，方便了茶叶的运输，促进了文化的交流，推动了茶业的发展。当时社会出现将"荼"字去掉一笔，写成"茶"。

▼ 唐朝时期

唐代，茶叶生产有了较大发展，加上佛教的兴起，饮茶之风传遍全国。唐代中期以后，茶叶产量和制茶技术大幅度提高。到了唐代中后期，中国茶叶生产和技术的中心正式转移到长江中游和下游地区。

▼ 宋元时期

宋元茶类生产由团饼为主渐渐转变为以散茶为主。宋朝团、饼茶制作虽精，但工艺烦琐，煮饮费事，于是，发展出了蒸青和蒸青末茶抹茶。在宋代，团、饼一类的紧压茶，称为"片茶"，对"蒸而不碎，碎而不拍"的蒸青和抹茶，称为"散茶"。

▼ 明清时期

明清时期是中国古代茶业和传统茶学由鼎盛走向终极的阶段。团茶、饼茶进一步边茶化，末茶衰落，叶茶和芽茶成为我国茶叶生产和消费的主导。

随着饮茶人数的增多，茶叶加工技艺和传统茶学也达到了一个新的高度。中国的茶业和茶文化，在受到殖民者侵略的痛苦中走上了近代。

▼ 新中国成立后

新中国成立后，国家安定，经济飞速发展，政府大力扶持茶业的发展。从茶园的建设，茶叶的生产、加工、贸易、文化等多方面蓬勃发展，形成"百花齐放，百家争鸣"的局面。

蔡襄《茶录》（宋蝉翅拓本）

▼ 唐代茶区

茶区最早的文字表达始于唐代陆羽《茶经》，在《茶经·八之出》中提到的产茶地区包括：

山南茶区（峡州、襄州、荆州、衡州、金州、梁州）；

淮南茶区（光州、义阳郡、舒州、寿州、蕲州、黄州）；

浙西茶区（湖州、常州、宣州、杭州、睦州、歙州、润州、苏州）；

剑南茶区（彭州、绵州、蜀州、邛州、雅州、泸州、眉州、汉州）；

浙东茶区（越州、明州、婺州、台州）；

黔中茶区（思州、播州、费州、夷州）；

江南茶区（鄂州、袁州、吉州）；

岭南茶区（福州、建州、韶州、象州）。

以上这些地区被很多人称之为"八道四十三州"，"八道"不是指道，而是指茶叶产区，是陆羽最早提出或划分的我国八大茶叶产区。《茶经》中提到的茶叶产区涵盖了现在的江苏、浙江、安徽、江西、福建、广东、广西、湖南、湖北、陕西、河南、贵州、四川13个省，而我国茶树原产地之一的云南却未在《茶经》中提到。

陆羽列举的这些茶叶产地，只是评定各地茶叶品质时所列出的典型和代表，而不是全部产地。尽管如此，也可以发现早在唐代，我国茶叶的产地就达到了与近代茶区大致相当的局面。

唐代饼茶示意图

小常识

　　唐代名茶命名多以产地为主，如著名的蒙顶茶、峨眉茶、青城山茶、武陵茶等；还有以茶叶形状来命名的，如仙人掌茶、雀舌、石花茶等；还有以茶叶色泽来命名的，如著名的紫笋茶、团黄等。

　　这些茶叶有些淹没于历史的洪流中，有些则依然屹立不倒，成为历史名茶，如四川雅安蒙山上的蒙顶甘露、蒙顶黄牙、四川峨眉山上的竹叶青等。

茶区

🍵 中国茶区

中国茶区分布辽阔，现有茶园面积达到1.1万平方千米，东起东经122°的台湾地区东部海岸，西至东经95°的西藏自治区林芝市易贡，南自北纬18°的海南省三亚市榆林，北到北纬37°的山东省荣成市，东西跨经度27°，南北跨纬度19°。共有21个省（区、市）的967个县、市生产茶叶。

全国共分四大茶叶主产区：华南茶区、西南茶区、江南茶区和江北茶区。

▼ 华南茶区

华南茶区是我国温度最高的一个茶区。华南茶区的主要范围包括福建东南部、广东中南部、广西南部、云南南部及海南、台湾地区。

华南茶区水资源丰富，高温多湿，年均气温19℃~22℃，年均降水量可达1 500毫米，但冬季降水量偏低，容易形成旱季。茶园土壤肥沃，有机质含量高，很适合茶树的生长。

华南茶区主要生产的茶类有红茶、绿茶、黑茶、青茶等。

▼ 西南茶区

西南茶区是我国最古老的的茶区，是茶树的原产地，包括云南中北部、四川、重庆、贵州及西藏东南部。

西南茶区地形复杂，地势较高，大部分茶区分布在海拔500米以上的高原，属于高原茶区，也有部分茶区分布在盆地。整个茶区土壤类型较多，各地气候变化大，年平均气温15℃~18℃，年降水量大多在1 000毫米以上，雾多，对茶树的生长十分有利。

西南茶区主要生产的茶类有绿茶、红茶、黑茶等。

▼ 江南茶区

江南茶区是我国茶叶的主产区，其范围包括广东北部、广西北部、福建中北部、湖南、江西、浙江、湖北南部、安徽南部、江苏南部等地。

江南茶区基本上属于亚热带季风气候，四季分明，年均降水量在1 000~1 400毫米。部分茶区夏日高温可达40℃以上，会发生伏旱或秋旱。晚霜和北方寒流会对江南茶区的北部带来危害，茶树容易受到冻伤。

江南茶区主要的茶类品种有绿茶、青茶、黑茶、白茶等，西湖龙井、洞庭碧螺春、黄山毛峰、君山银针等产自江南茶区。

▼ 江北茶区

江北茶区是我国最北的茶区，包括甘肃南部、陕西南部、河南南部、山东东南部、湖北北部、安徽北部和江苏北部。

江北茶区地形较复杂，降水量偏少，一般年降水量在 1000毫米以下，四季降水不均，夏季多冬季少，土壤多为黄棕土，部分茶区为棕壤。与其他茶区相比，江北茶区气温低，积温少，茶树新梢生长期短，年平均极端低气温-10℃左右，个别地区可达-15℃，容易造成茶树严重冻害，因此必须采取防冻措施。

江北茶区主要生产的茶类为绿茶，著名的霍山黄芽、六安瓜片、信阳毛尖等均出自江北茶区。

	地理位置	著名茶山	著名茶叶
华南茶区	华南茶区位于中国南部，包括广东、广西、福建、台湾、海南等省（区），是中国最适宜茶树生长的地区	凤凰山、五指山、阿里山等	铁观音、黄金桂、凤凰水仙、冻顶乌龙等
西南茶区	西南茶区位于中国西南部，包括云南、贵州、四川三省及西藏东南部，是中国最古老的茶区	峨眉山、蒙山、青城山等	普洱茶、蒙顶黄芽、都匀毛尖、竹叶青等
江南茶区	江南茶区位于中国长江中、下游南部，包括浙江、湖南、江西等省和皖南、苏南、鄂南等地，是中国茶叶主要产区	武夷山、黄山、黄山、洞庭山等	西湖龙井、黄山毛峰、洞庭碧螺春、祁门红茶、武夷岩茶等
江北茶区	江北茶区位于长江中、下游北岸，包括河南、陕西、甘肃、山东等省和皖北、苏北、鄂北等地，是中国最北的茶区	大别山、花果山、武当山等	六安瓜片、信阳毛尖、霍山黄芽等

中国四大茶区

外国茶区

国外茶区如日本、印度、肯尼亚、斯里兰卡等，只产有红茶、绿茶。其中印度、肯尼亚、斯里兰卡产茶以红茶为主，日本则以绿茶为主。

日本茶区

茶随着遣唐使传到日本后，日本的僧侣和一部分贵族开始饮茶。发展至今，日本蒸青绿茶已经享誉世界。日本蒸青中以玉露为最。玉露是日本茶中最高级的茶品，其对茶树的要求很高，据说一百棵茶树也不一定能找出一棵能生产玉露的茶树。玉露茶树到了采摘时，将嫩芽采下，再以高温蒸汽杀青后急速冷却，再通过揉捻成细长条状，干燥后即可得到成品茶。日本玉露茶甘甜柔和，汤色清澄。

印度茶区

印度历史上第一次种植茶叶是在18世纪英国统治时期。当时少量的茶种子从中国传到印度，并被种植在加尔各答的皇家植物园中。19世纪英国驻印度总督提倡在印度种植茶叶，并派遣人员到中国研究茶树的栽培和茶叶的制作技术，采购茶种子、茶苗等，同时雇用中国技工到印度种植茶叶。据记载，当时第一批采购的茶苗是武夷山的茶树，所以印度至今仍以红茶为主。

茶如今已经成为印度的国饮，印度也已成为世界上最大的红茶生产国，茶叶的总产量在世界上数一数二。据统计，83%的印度人每天都要喝茶，茶饮已经成为印度人生活中不可或缺的重要元素。

肯尼亚茶区

自1903年英国人将茶树引进肯尼亚，肯尼亚就开始大量种植茶树，发展至今，已经成为世界上第四大产茶国。肯尼亚主要产红茶，每年都有大量的红茶出口到世界各地，其品质和质量都非常优质。

斯里兰卡茶区

19世纪早期，由英国商人将中国的茶树引进到斯里兰卡（原称锡兰），自此斯里兰卡的皇家植物园中开始进行茶树的非商业性试种。当时，英国也将印度的阿萨姆邦和加尔各答的茶种引进斯里兰卡中部高地进行实验性试种。经过多年的对比，发现中国的茶树更适合在斯里兰卡中部高地种植。19世纪中期，斯里兰卡开始有小型的茶园和制茶厂，经过多次的实验，最终在1873年成功试种成功。到现今，斯里兰卡已经成为世界上第三大茶叶生产国，对外出口量居世界第一。

斯里兰卡境内的茶园面积达到20多万公顷。因为斯里兰卡中部高地独特的气候条件，使得当地产的红茶具有一种特殊的香味，至今一直被认为是世界上品质极佳的红茶之一。

茶类

中国有六大茶，分别类指的是绿茶、红茶、青茶、黑茶、黄茶和白茶。因为茶叶的产地、茶树生长的环境、制作工艺的不同，茶类的功效也不相同。

绿茶

绿茶属于不发酵茶，主要有防癌、减肥、灭菌、抗衰老等功效。

绿茶的茶多酚、咖啡因、维生素C、芳香物、脂多糖等，能增强人体心肌活动和血管的弹性，抑制动脉硬化，减少高血压和冠心病的发病率，增强免疫力，从而抗衰老，使人长寿。

绿茶

绿茶中的茶多酚可以有效阻断亚硝酸铵等致癌物质在体内合成，并具有提高机体免疫力和直接杀伤癌细胞的功效。此外，茶多酚（主要是儿茶素类化合物）对胃癌、肠癌等多种癌症的预防和辅助治疗也有一定的帮助。茶多酚有较强的收敛作用，能够有效地抑制和灭杀病原菌、病毒，而且消炎止泻效果显著。

茶是碱性饮料，能有效地抑制人体钙质的减少，有预防龋齿、固齿、坚齿的功效。而茶叶中的维生素C等成分，能降低眼睛晶体混浊度，经常饮茶，对减少眼疾、护眼明目均有积极的作用。

红茶

红茶属于全发酵茶，主要有养胃、提神、利尿、生津清热等功效。

红茶有暖胃、保护胃黏膜、治疗溃疡等作用。红茶经过发酵，使茶多酚发生酶促氧化，含量减少，对胃的刺激也随之减小。此外，茶多酚的氧化产物还能够促进人体消化，所以红茶不会伤胃，反而能够养胃。

夏天人们常饮用红茶来止渴消暑，这是因为茶中的多酚类、糖类、氨基酸、果胶等物质在口腔中产生化学反应，刺激唾液分泌，并且产生清凉感。此外，红茶还是运动饮料的好选择，因为它除可以生津清热，其咖啡因还有提神的作用，从而让人在运动中更具持久力。

据调查表明，经常饮用红茶的人骨骼更加强壮，茶中的多酚类物质可抑制破坏骨细胞物质的活力。人们常见的骨质疏松症，在每天坚持饮上一杯红茶后病症明显得到改善。将红茶搭配上柠檬等水果，强壮骨骼效果会更加明显。

红茶

红茶中的咖啡因可以通过刺激大脑皮质，来达到提神、思考力集中、思维反应更敏锐、记忆力增强等效果。此外，红茶还能加速体内乳酸（使肌肉感到疲劳的物质）的排泄，从而消除疲劳。

☙ 青茶

青茶属于半发酵茶，主要有降血脂、抗衰老、改善听力、美白肌肤、改善皮肤过敏、预防蛀牙、预防老化等功效。研究表明，青茶具有预防和减轻血中脂质在主动脉粥样硬化作用，饮用青茶还具有降低血液黏稠度、防止红细胞集聚、改善微循环的作用。

由福建中医药研究所进行的青茶抗衰老试验表明，饮用青茶能将血中的维生素C含量保持在较高水平，而维生素C的抗衰老作用是众所周知的。饮用青茶可以在多方面增强人体的抗衰老能力。

青茶除具有美白肌肤、改善皮肤过敏、预防蛀牙、预防老化等功效外，还具有改善听力的效果，特别适合中老年人饮用，每天喝茶量在1~2杯效果最佳。

青茶

黑茶

黑茶

黑茶属于后发酵茶，主要有软化血管、降血糖、助消化、补充营养等功效。

黑茶具有良好的降解脂肪、抗血凝、促纤维蛋白原溶解的作用，抑制血小板聚集效果明显。此外，黑茶还可以让血管壁松弛，从而抑制主动脉及冠状动脉内壁粥样硬化斑块的形成，达到降压、软化血管、防治心血管疾病的目的。

黑茶中的茶多糖含量最高，其活性也比其他茶类要强，所以黑茶的降血糖效果要优于其他茶类。

黑茶中的咖啡因、维生素、氨基酸、磷脂等，能够调节脂肪代谢，此外，咖啡因的刺激作用还能提高胃液的分泌量，从而提高食欲，帮助消化。由于黑茶具有很强的解油腻、消食等功能，对于长期食用肉类、奶类食品，缺少蔬菜和水果的西北地区居民，黑茶是他们矿物质和各种维生素的重要来源，有"生命之茶"之说。

☙ 黄茶

黄茶属于轻发酵茶，主要有保护脾胃、提高食欲、帮助消化、杀菌、消炎等功效。

黄茶的制作过程中有闷黄过程，在该过程中会产生大量的消化酶，对消化不良、食欲不振等都大有益处。

黄茶

☙ 白茶

白茶属于轻发酵茶，主要有防暑、解毒、治牙痛、预防干眼症和夜盲症等功效。

白茶中除了其他茶叶固有的营养成分外，还富含人体所需的活性酶，长期饮用白茶能够提高人体内脂酶的活性，促进脂肪分解代谢。

白茶中还富含多种氨基酸，具有退热祛暑的功效。

白茶

茶问

☏ "茶圣"是谁

被后世尊称为"茶圣"的是唐代茶人——陆羽。

陆羽生于唐开元二十一年（公元733年），复州
竟陵（今湖北天门市）人，字鸿渐，号竟陵子、桑苎
翁、东冈子。幼年时曾被遗弃，后被寺庙住持所收
养，在寺庙中学文识字、学习佛经等。中国古时候的
佛寺与茶叶的传播有着密切的关系，所以陆羽对茶开
始认识并逐渐喜爱上饮茶。

陆羽12岁时离开寺庙，当了伶人，虽相貌不佳且
带有口吃，但凭借其聪明才智得到竟陵太守的赏识，
经太守推荐开始在私塾中读书，在读书的过程中，常
来往于山野之中，采茶煮茶。后来陆羽开始出游于巴
山峡川，走遍了当时的名山、茶园、名泉等进行实地
考察，在走访探茶的过程中陆羽还与寺庙高僧等密切
来往，共研茶道。《茶经》一书前后写作时间在30年
左右，最终在建中元年（公元780年）左右完成。

陆羽雕像

《茶经》对后世的影响

《茶经》是中国乃至世界文化发展史上的第一部茶学专著，对中唐及中唐以前的所有茶事进
行了总结，并对茶文化发展有着巨大的推动作用。

《茶经》对中唐及中唐以前的所有茶事进行了总结。茶事在中唐以前已经有所萌芽，在不
少的著作中也能零星地找到一些记载，而陆羽将他们总结归纳起来放在《茶之事》中，对几十本
的有关于茶记载的典籍进行汇总，其中内容涉及茶的特征、茶的特性、茶的产地、茶的保健功
效、茶的饮用方法、以茶待客、当时的茶市、茶神话、茶的品鉴等，内容十分广泛，同时陆羽
在《茶之源》中具体指出了茶的产地、茶树鲜叶的好坏鉴别等，在《茶之造》中总结的唐朝饼茶
的形状、好坏鉴别等。在《茶之器》中列出了煮饮所需的二十八茶器，提出了煮茶的具体方法和
步骤，在《茶之饮》中又说到"凡茶有九难"，"九难"提出在煮茶时要制好茶、选好茶、配好
器、择好料（燃料）、用好水、拷好火、碾好茶、煮好茶、饮好茶。《茶经》分上中下三章，共
十卷，每卷内容不同，但环环相扣，涵盖的内容涉及茶叶所有方面。

　　《茶经》开创世界茶文化先河。茶文化包括茶俗、茶道和茶艺，《茶经》中即有关于地方茶俗的文化典故，也有关于茶道的感悟，还有茶的煮饮技巧，他们共同奠定了茶文化的基础。后人在《茶经》的基础之上，对茶文化内容加以充实和完善，并不断地丰富茶文化的内涵，终于使茶文化形成一门学科，而《茶经》则是茶文化学科的开创者。

茶叶是神农发现的吗

《神农本草经》中记载："神农尝百草，日遇七十二毒，得茶而解之。"其中的"茶"即为茶的意思，因为这是关于茶叶被使用的最早记载，所以普遍认为茶叶是被神农发现的。

传说神农即炎帝，是中华民族的始祖之一，他教民播种五谷、收获粮食、发明医药等，相传也是最早的茶树发现者。长此一来人们约定俗成的人为茶叶的发现、应用始于神农氏。

记载神农尝百草的《神农本草经》原书已经不复存在，现存的是由后人从历代本草书中集编而成。除了《神农本草经》记载神农尝百草外，还有很多书籍也记载了这个典故。

神农尝百草

如西汉刘安的《淮南子·修务训》中说到："古者，民茹草饮水，采树木之实，食螺蚌之肉，时多疾病毒伤之害，于是神农乃始教民播种五谷，相土地宜，燥湿肥墝高下，尝百草之滋味，水泉之甘苦，令民知所辟就。当此之时，一日而遇七十毒。"魏晋时期，干宝所著的《搜神记》中说到："神农以赭鞭鞭百草，尽知其平毒寒温之性，臭味所主，以播百谷。" 唐代司马贞在《史记·补三皇本纪》中写到："（神农氏或炎帝）于是作蜡祭，以赭鞭鞭草木，始尝百草，始有医药。"宋代史书中，由郑樵编写的《通志》中也记载到"民有疾病未知药石，乃味草木之滋，察寒热之性，而知君臣佐使之义。皆口尝而身试之，一日之间而遇七十毒。或云神农尝百药之时，一日百死百生，其所得三百六十物，以应周天之数。后世承传为书，谓之《神农本草》。又作方书以救时疾。"

通过以上历代史书记载，说明神农氏尝遍百草，也从侧面证明，神农发现茶叶功效绝非偶然。

小常识

Q：神农除了发现茶叶，还有哪些贡献？

A：神农尝百草而发现茶叶功效后，还有以下贡献。

1. 种五谷。发明了耒耜，解决民以食为天的大事。

2. 立市场。以日中为市，发明以物易物的方法。

3. 麻为布。将麻桑织成布帛，人们从此有了衣裳。

4. 制弓箭。制作弓箭，抵御外部袭击。

5. 尝百草。开医药先河，为后世医学奠定基础。

6. 制五弦琴。发明乐器，以乐百姓。

7. 立历日。规范人们的作息生活。

8. 制陶器。教人们懂得储藏，改善生活。

茶树鲜叶

☙ 名茶还是茗茶

现在生活中很多茶叶店、茶楼、茶馆等都标注"茗茶"二字，将"茗茶"与"名茶"通用，其实两者存在很大的差异。"茗茶"的真实含义其实是茶品中质量下乘的意思，所以用"茗茶"代替"名茶"并不适合。

▼ 名茶

有人认为能闻名国内外的茶都为名茶，也有人认为"名茶是指有一定知名度的好茶，具有独特的外形、优异的色香味品质"。名茶顾名思义在于"名"，之所以有名，则是因为茶叶具有脍炙人口的品质和独具特色的韵味，受古今中外茶人们所爱。

名优绿茶

名茶可以分为传统名茶、恢复历史名茶和新创名茶三类。

传统名茶是指在历史上就是贡茶，并持续至今的茶叶，如西湖龙井、洞庭碧螺春等。

恢复历史名茶是指在历史上曾经是名茶，但因为历史的演变而消失，在近现代才重新恢复名声的茶叶，如安徽的松萝茶、四川的蒙顶甘露等。

新创名茶是指近现代才创作出来的茶叶，由于饮用者喜爱被推广，同时具有与众不同的品质特征而成为新创名茶，如江西的高桥银峰、滇红等。

▼ 茗茶

在唐代陆羽的《茶经》中记载茶叶的名称："一曰茶，二曰槚，三曰蔎，四曰茗，五曰荈"，在《茶经》中对这段话进行了注解"蜀西南人谓茶曰蔎"。郭弘农云："早取为茶，晚取为茗，或曰荈耳。"即茶在当时各地的叫法，早采的叫作茶，晚采的则叫作茗或荈。《辞海》与《辞源》也对"茗"做了解释："晚收的茶""茶之晚取者"，足以表明"茗"为晚收的茶。而《中国字海》中对"茗"还做出"茶的老叶，即粗茶"的解释。

在《中国茶文化大辞典》中也有关于"茗茶"的记载："茶则有胜金、嫩桑、仙芝、来泉、先春、运合、华英之品，又有不及号者，是为片茶八种，其散茶号茗茶。"由此可见，"茗茶"自古以来就是质量下乘的意思。

功夫茶与工夫茶有何区别

在现实中很多人经常将功夫茶与工夫茶混用，但两者并不是同一概念，功夫茶是指冲泡过程中展现的技巧，而工夫茶则是指通过一定制作技术加工而成的茶叶。由此可见，前者指的泡茶之法，而后者是指一类茶叶。

▼ 功夫茶的历史

功夫茶起源于宋代，在广东潮汕地区最为流行，是唐宋以来品茶艺术的承袭和发展，苏东坡有诗云："闽中茶品天下高，倾身事茶不知劳。"可见饮茶用心功夫之深。

功夫茶是指泡茶、品茶上的技巧和讲究，如煮茶用水就有"山水为上，江水为中，井水为下"。潮汕地区，基本家家户户都有功夫茶具，每天必须饮上几杯茶，才算圆满。

功夫茶除了潮汕这一著名的派系外，还有福建和台湾两个派系。潮汕功夫茶所用茶叶以单枞茶居多，福建功夫茶是铁观音，台湾则是冻顶乌龙。

凤凰单枞

茶叶上有"毛"，能喝吗

经常能在茶叶上看到白色或金色的毫毛，在泡茶时，茶汤上也浮有小茸毛，这些"毛"到底是什么？这样的茶汤能喝吗？

茶叶中的茸毛其实就是茶树嫩梢上的茸毛，茸毛是茶树品种特性的表现，其长度、密度、色泽、分布情况等也根据茶树品种的不同而不同。茸毛的多少和色泽是评定茶叶质量的一个重要因素，因为它能影响茶汤的质量。

茶树鲜叶中的茸毛

▼ 茸毛是茶叶等级的重要标志

许多名茶要求显毫（即干茶中带有茸毛），绿茶中的黄山毛峰、洞庭碧螺春、信阳毛尖等以白毫显著为佳；越高级的冻顶乌龙要求茸毛越多；高级的祁红、滇红以金毫显著为佳；黄茶中君山银针、蒙顶黄芽以黄金毫显著为佳；白茶中白牡丹、白毫银针以银毫显著为佳。

▼ 茸毛能增进茶叶的香气和滋味

茸毛与茶叶的外形息息相关，且影响茶叶的香气和滋味。如绿茶中的洞庭碧螺春，其茶香清高，滋味醇厚，不仅是因为茶叶嫩细、内含物质丰富的原因，还又茸毛多也是主要原因之一。茶叶在杀青、揉捻、干燥等程序中，部分茸毛会脱落而附于茶叶表层，在冲泡后，茸毛溶于茶汤，茸毛中富含的氨基酸等有效成分能增进茶汤的香气和滋味。

洞庭碧螺春干茶白毫显著

滇红干茶中金毫显著

◎ "茶靠拼配"的来由

有的茶叶包装中的标识上写着"拼配"茶，那是不是说这个是由各种不同的种类茶叶混合而成的次品茶呢？其实不是的，茶叶拼配是指茶叶制作的后期工序，并不是以次充好、鱼目混珠的手法。

▼ 拼配的必要性

茶叶在经过粗加工后，可以分出各种大小、长短、粗细、轻重不同的茶，每一种的性质都不同，只有通过茶叶拼配，才能发挥茶叶的最高价值。比如在汤色上，有些茶明亮、有些茶深暗，拼和后能使茶汤颜色适中；在滋味方面，有些茶淡薄、有些茶浓涩，拼配后就变得醇厚。像这样拼配关乎茶叶品质，是很有必要的。

小常识

茶叶拼配是一个技术性强，又细致复杂的工作，为了达到一个好的茶叶品质，需要工作人员具有过硬的经验和测验茶叶品质的技能，不断、反复地试拼才能完成。

▼ 地区性拼配的方法

地区性拼配是指将不同地区产的茶叶人为地拼配在一起，这种情况一般发生在大型的茶厂中。如在杭州的一个茶厂，集合杭绿、烘青等一起加工，能调和各个地区茶叶的优点，发挥最大的经济价值。

拼配茶

🍥 什么是有机茶

市场上出现的有机食品越来越多，有机茶也不例外，在消费者眼前就出现了很多。关于什么是有机茶？市场上有哪些是有机茶？有机茶和普通的茶有什么区别？这类疑问，下面就为您详细解答。

▼ 有机茶的定义

按照有机农业生产方式加工出来的茶叶称为有机茶。有机茶在其生产、加工、包装、储藏、运输生产过程中完全不施加任何人工合成的化肥、农药、茶叶生长调节剂、化学食品添加剂等，符合国际有机农业运动联合会标准，并持有有机（天然）食品组织颁布的证书。

有机茶是一种纯天然、无污染的茶叶，最完整地保留了茶叶的清香和甘醇。

小常识

目前生产有机茶的知名品牌主要有位于世界硒都——湖北恩施的金果有机绿茶；广东饶平有机茶；广西"亿健"有机茶；广西"叶凌春"有机茶；浙江武义更香有机茶；安徽"老谢家"有机茶；山东"灵岩"有机茶；广东"金稳"有机茶；福建漳州"光照人"有机茶；四川"瀚源"有机茶。

▼ 有机茶的识别

有机茶和普通茶从外形是很难辨别的，但是通过茶叶内质的审定还是能区别的，因为普通茶是对最终的茶产品进行审定，而有机茶不仅对最终的成品审定，还对产品在生产、加工、储藏和运输过程中是否受到污染进行检测。

消费者在市场上购买有机茶，如果出现质量问题，可以通过有机产品的质量跟踪记录系统，追查茶叶的生产过程，具体能到茶园和农户。

消费者在购买有机茶时，可以向经销商查看是否有有机茶原料生产证书、有机茶加工证书、有机茶交易证明，没有或不全，说明这该有机茶为冒充品。

有机绿茶

📀 明前茶和雨前茶有何区别

明前茶和雨前茶都是对应二十四节气中的清明和谷雨来说的，且仅限于绿茶而言。

明前茶是指在清明节前采摘嫩芽细尖制成的茶叶。茶叶经过漫长的寒冬，受到的虫害侵扰少，新芽蓄势待发，芽叶细嫩，色翠香浓，是茶中的珍品。同时，清明节前绿茶产地气温普遍较低，所以茶树发芽数量有限，能达到采摘标准的茶叶较少，所以还有"明前茶，贵如金"的说法。

雨前即谷雨前，一般4月5日至4月20日采制的茶叶被称为雨前茶。雨前茶虽不如明前茶细嫩，但由于清明至谷雨这段时间的气温已经回升，茶树芽叶生长相对较快，鲜叶内积累的内含物更为丰富，因此雨前茶往往滋味鲜浓，并且比明前茶要耐泡。在江浙一带，对普通的炒青绿茶来说，清明至谷雨这段时间是最适宜的采制春茶的季节。

明前茶

雨前茶

☙ 为什么会有茶沫

泡茶时，注水入茶叶中，常常有茶沫产生，这是脏？还是农药残留呢？

其实在古代饮茶人就发现茶叶会起沫，如魏晋时代的杜育曾说："沫成华浮，焕如积雪，晔若春敷。"宋代流行的"斗茶"更是以"茶沫"多少来定高低，那么茶沫到底是什么呢？

茶叶起沫其实是因为茶叶中含有茶皂素，茶皂素是山茶属植物中一类结构复杂的糖苷类化合物，味苦而辛辣，能起泡，且有溶血作用。

有茶沫的茶汤能否饮用？答案是可以的。在茶艺表演、日常泡茶中，我们习惯刮沫，主要是因为"潜意识"影响，认为"沫"就是不好的，要去除掉才能放心饮用，其实不然，茶沫也是可以饮用的。在古代，茶沫被看作是茶叶的精华呢，所以下次泡茶可以试试不刮茶沫。

茶沫

茶能解酒吗

喝茶有利于解酒。因为茶中含有蛋白质、氨基酸、生物碱、糖类、维生素和酶类等500种成分，其中许多成分都利于解酒。如人的肝脏可以通过分泌茶中含有的水解酶来解酒排毒；茶中含有的糖类可以保护肝脏；茶还可以稀释酒精，促进胃肠蠕动，减少酒精的吸收；茶中的咖啡碱因能够使人大脑兴奋、清醒，让被酒精冲昏了的头脑清醒一些，从而达到"醒酒"的效果。

小常识

解酒也要有讲究，一般来说，最好选择红茶解酒，因为红茶中含糖量更高。另外，茶的浓度不宜太高，否则茶中的咖啡因可能会增加心律而加重心脏负担。茶碱有利尿作用，浓茶中含有较多的茶碱，它会使尚未分解的酒精产物过早地进入肾脏，而损害肾脏。

冲泡时间短、投茶量少，茶就淡，适合用来解酒

茶水漱口科学吗

漱口能反复地冲击口腔各个部位，把残留在牙齿的沟裂区、牙颈部、牙间隙、唇颊沟等处的食物残渣和部分牙垢清除。漱口还能降低口腔细菌的密度，抑制牙菌斑的形成。

而用茶水漱口则好处更多。茶水中含有茶多酚，有对抗烟碱毒素及中和酒精的作用，还能除臭去腥。另外，茶叶中还含有氟化物。而氟元素能在一定程度上预防龋齿和牙周病的发生。

清晨起床后，可用昨夜剩余的茶水加热水兑温后用来刷牙，或吃鱼腥、油腻等食物之后用茶水漱口，都能有效地除掉口中的异味。另外，晚上睡觉前也可以用当天剩余的茶水刷牙，这样坚持一段时间，具有巩固牙齿、清洁口腔的作用，而且对牙龈出血、牙龈肿痛、牙过敏等症状，也都有明显的功效。

用茶水刷牙、漱口不仅让茶叶的剩余价值发挥到最好，也能让你的牙齿更健康。

❻ 茶渣有哪些用处

▼ 茶渣除口臭

茶有强烈的收敛作用，时常将茶叶含在嘴里，便可消除口臭。常用浓茶漱口，也有同样功效。如果不擅饮茶，可将茶叶泡过之后，再含在嘴里，可减少苦涩的滋味，也有一定的效果。

▼ 茶渣制作茶叶枕

用过的茶叶不要废弃，摊在木板上晒干，积累下来，可以用作枕头芯。据说，因茶性属凉，故茶叶枕可以清神醒脑，增进思维能力。

茶渣

▼ 茶渣杀菌治脚气

茶叶里含有多量的单宁酸，具有强烈的杀菌作用，尤其对脚气的丝状菌特别有效。所以，患脚气的人，可以每晚将茶叶煮成浓汁来洗脚，日久便会不治而愈。不过煮茶洗脚，要持之以恒，短时间内不会有显著的效果。而且最好用绿茶，经过发酵的红茶，单宁酸的含量就少得多了。

▼ 茶渣护发

茶水可以去垢涤腻，所以洗过头发之后，再用茶水洗涤，可以使头发乌黑柔软，富有光泽。用隔夜茶洗发，能解决头皮发痒、头屑过多等问题。而且茶水不含化学剂，不会伤到头发和皮肤。

▼ 茶渣可以驱蚊

将用过的茶叶晒干，在夏季的黄昏点燃起来，可以驱除蚊虫，与蚊香的效果相同，而且对人体无害。

❻ 所有人都适合饮茶吗

并不是所有人都适合饮茶。比如孕妇、心脏病、高血压患者等。

处于哺乳期的孕妇如果喝浓茶，宝宝通过乳汁吸收了咖啡因，会使宝宝未发育完全的肠胃等器官无法正常工作。而且浓茶中的某些物质会使妈妈的奶水减少，使宝宝无法吃饱。

对于心跳过速的病患和心肾功能减退的病人，一般不饮浓茶，可以适当饮淡茶，饮用的茶水量也不宜过多，以免增加心脏和肾脏的负担。

对于心跳过缓的心脏病患者和动脉粥样硬化和高血压病人，也不宜饮浓茶，可以经常饮用一些高品质的茶叶，从而促进血液循环，降低胆固醇，增加毛细血管弹性，增加血液抗凝性。

隔夜茶能不能喝

在日常的生活中，常常会有剩余的隔夜茶，倒掉太可惜，加热再饮用又据说会致癌。那么隔夜茶会不会致癌？隔夜茶能不能喝？隔夜茶如何利用才能做到不浪费？以下为你详细解答。

隔夜茶会致癌的说法是不正确的。隔夜茶中含有二级胺，二级胺转化为致癌物亚硝胺必须有亚硝酸才能完成，而茶叶中的茶多酚和维生素C是亚硝胺的天然抑制剂，所以隔夜茶不会致癌。但是隔夜茶暴露在空气中太久，容易滋生腐败性微生物，使茶汤发馊变质。而且，放置越久，茶汤中的茶多酚和维生素C含量越少。因而隔夜茶虽无害，但不宜饮用。

隔夜茶虽然不适合人们饮用，但是可以加水稀释冲淡后用来浇花，剩余的茶汤中含有植物生长所需要的氮，每周浇上一次，能使家中的花朵、盆栽更加鲜艳美丽，并让盆土保持足够的水分。

隔夜的红茶还可以用来擦拭玻璃、门窗框等，油漆受到雨水侵蚀而脱落时，也可用隔夜冷却的红茶来擦拭，会得到意想不到的效果。

隔夜茶不宜饮用

用茶水服药好不好

用茶水服药要根据药物的成分来定，但在不了解茶叶功效和药物成分的情况下，不建议用茶水服药。

比如，很多西药都有硫酸亚铁、氢氧化铝等，这些药物遇到茶汤中的多酚类物质，会发生结合而沉淀，导致药效降低甚至消失。此外，茶汤中含有咖啡因，具有兴奋作用，因此服用镇静助眠药物、抗心律失常药物等的患者，也不能用茶水送服。

不过，在服用维生素类药物、兴奋剂、利尿剂、降血糖的药物时，一般可以用茶水送服。因为茶叶本身含有维生素等成分，且具有兴奋、利尿、降血脂、降血糖的功效，所以服用这类药物时，用茶水送服具有增效作用。

☙ "茶醉"是怎么回事儿

喝酒会醉，饮茶也同样会醉。茶叶中含有多种生物碱和茶多酚，具有兴奋大脑神经、促进心脏机能亢进，影响胃液的正常分泌等作用，因此若大量饮用容易产生心慌、头晕等类似于醉酒的症状。茶醉实在不比酒醉轻松，茶醉多在空腹之时，饮了过量的浓茶而引起的。茶醉之时，头昏耳鸣，浑身无力，胃中虽觉虚困，却又像有什么东西装在里面，从胃到喉中翻腾，想吐又吐不出来，严重的还会口角流沫，状甚不雅。

而解茶醉的方法却又极为简单，只要喝一碗糖水，过一会儿自会解除。

☙ 为什么饮茶会有苦涩的感觉

茶的苦涩是由茶叶内含有的物质决定的。其苦涩感来源于茶叶中的苦味物质，主要有生物碱（咖啡因、可可碱和茶叶碱）、茶多酚（儿茶素）等，在高温水浸泡时，这些物质就会溶解出来。茶汤的苦味和涩味常常是相伴而生的，在茶汤的滋味结构中占有主导地位。

研究表明，一棵茶树中，苦味物质在嫩叶中的含量要比老叶中的含量高得多，尤其是芽下面的第一、第二叶片中的生物碱、茶多酚含量最高，第三、第四叶片中含量逐渐降低。所以用一芽一叶制成的茶要比一芽三四叶制成的茶要苦涩得多。

绿茶在制作过程中没有发酵过程，所以生物碱、茶多酚等在绿茶中的含量要比其他茶类多，随着茶类发酵程度的越高，茶叶中苦涩物质越少，滋味越甘醇。

绿茶冲泡时间久后就会变得苦涩，茶汤颜色变得较为浑浊

小常识

茶叶呈现在我们味蕾中的味道并不是单单由其内含物质决定的。还与冲泡过程中所用水温、冲泡手法等相关。如绿茶，虽然含有较高的苦涩物质，但可以用较低的温水、较短的冲泡时间来避免茶中苦涩物质的浸出。这样，一杯清香四溢、清甜甘醇的茶还是能让我们的味蕾得到满足。

四季如何饮茶

春季：适合饮花茶。春天大地回暖，万物复苏，人体和大自然一样，处于升发之际，这时适合饮茉莉、桂花等花茶。花茶性温，春季饮花茶可以散发漫漫冬季积郁于人体之内的寒气，促进人体阳气生发。花茶香气浓烈，香而不浮，爽而不浊，令人精神振奋，消除春困，能助于提高人体机能效率。

夏季：适合饮绿茶。夏天温度高，人体出汗多，津液消耗大，这时适合饮龙井、毛峰、碧螺春等绿茶。绿茶性寒，具有消热、消暑、解毒、去火、降燥、止渴、生津、强心提神的功效。绿茶富含维生素、氨基酸、矿物质等营养成分，既能起到消暑解热的功效，又有增添营养的作用。

秋季：适合饮青茶。秋天天气干燥，人常常会口干舌燥，这时适合饮铁观音、大红袍等青茶。青茶性适中，介于红茶、绿茶之间，不寒不热。常饮青茶能起到润肤、益肺、生津、润喉的作用，还能有效清除体内余热，恢复津液，对金秋保健大有好处。

冬季：适合饮红茶。冬天气温低，寒气重，人体生理机能减退，阳气渐弱，对能量与营养要求较高。这时宜适合喝祁红、滇红等红茶。红茶性味甘温，含有丰富的蛋白质。常饮红茶，能起到补益身体、善蓄阳气、生热暖腹的作用，从而增强人体对冬季气候的适应能力。

哪些茶适合饮"新"

我们喝茶多以"新"为贵，绿茶、青茶、黄茶、白茶、红茶适合饮新，但是这个新也是有一定度的，并不是越新越好。刚刚出厂的新茶，含有较多未经氧化的多酚类、醛类及醇类等物质，这些物质对人的胃肠黏膜的刺激较强，易诱发胃病。所以新茶至少存放半个月以后才适宜饮用。

一天之中该如何饮茶

以茶养生的关键是如何饮茶，在最佳的时间饮合适的茶，不仅对健康有利，还能颐养身心。

早晨：人在休息一夜之后，身体处于相对静止状态，泡上一杯红茶，能有效地促进血液循环，让大脑供血充足，同时又能驱除体内寒气。

午后：人体在中午时分会肝火旺盛，用一杯绿茶或青茶能清肝胆热、化解肝脏毒素。对"三高"人群而言，坚持下午饮茶，能起到药物无法达到的效果。

晚上：人体在三餐过后，消化系统内会聚集一些肥腻之物，饮上一杯黑茶，既能暖胃又能助消化，同时还不会影响睡眠。

✎ 用铁壶煮水沏茶有什么益处

　　使用铁壶煮水，可以使水更软滑、甘甜，具有山泉水效应，用铁壶煮出来的水来冲泡茶叶能提升茶叶的口感，煮出来的水适合冲泡各种茶叶。

　　铁壶烧水沸点温度更高，比一般不锈钢壶要高出2℃~3℃，且保温时间也更长，利用高温水泡茶，可激发和提升茶的香气。对于一些慢发酵的老茶，因陈化时间较长，必须采用足够的高温水，才能淋漓尽致把其内质陈香和茶韵发挥出来。

水反复烧开用来泡茶好吗

日常生活中，因为我们的烧水壶容量一般比较大，一壶水能冲5~6泡茶，甚至更多，所以很多人泡茶时，会将水反复烧开，有的干脆不关火，让煮水壶一直烧。为此，有人提出，烧水泡茶，反复烧水非常不好，乃至喝了致癌。那么这种说法有科学依据吗？

事实上，反复烧开的水喝了会致癌的说法并不严谨，饮用的自来水都是需要充分烧开的，因为这样能减少水中的氯仿含量。而当水烧开后，如果不关火，让水继续沸腾的话，会导致水中的亚硝酸盐浓度上升。科学实验证明，水中的亚硝酸盐在持续煮沸21小时后，浓度会上升4倍，这也就是认为水不能反复烧开的依据。

但是，科学实验也表明，水在反复烧开3~5次，或水烧开后持续加热10分钟，水中的亚硝酸盐浓度变化是甚微的，所以只要不一直反复烧开，水还是可以饮用的。

另外，在水烧开后，可以揭开盖子，让水再烧2~3分钟，这样能有利于水中氯仿散发出去。

烧水泡茶最好一次性用完

饮茶后为什么会有"苦尽甘来"

饮茶后，咽喉会有甘甜之感。这是茶叶中的苦味在口中转化产生了甘甜，所谓"苦尽甘来"。优质的茶叶在入口后，立即会有喉头泛甘之感，然后上升扩散至整个口腔，经久不退。回甘时间长是茶叶品质优异的表现。

回甘有强有弱，一般来说，回甘强则优，但是回甘的持久度也是很重要的，如果一泡茶，茶香、口感都不错，但是回甘时间短，即茶叶喝完，回甘也消失的话，这泡茶的质量不会太高。

饮茶后"锁喉"是怎么回事

茶汤入喉后，当咽喉感到紧缩、发痒、过于干燥、吞咽困难等不舒服的感觉称为锁喉。让人有锁喉感的茶叶一般品质都比较差。所以在挑选茶叶时，可适当品饮茶叶，看是否有锁喉感，再决定是否购买。

高山出好茶

纵观历史，我国的历代贡茶、传统名茶、新创名茶等大多出自高山上。为什么说高山出好茶呢？明代的陈襄就在其诗中给出了解释"雾芽吸尽香龙脂"，说高山茶品质好是因为茶芽吸收"龙脂"，这"龙脂"即天地之精华之意。

高山之所以能出好茶，在于其优越的茶树生态环境造就的。茶树原产地在我国西南地区，那里一年四季多雨潮湿，经过长时间的进化，茶树逐渐形成喜温、喜湿、耐阴的生活习性。高山上的生态条件正好满足茶树的生长需求。

一是高山光照对茶树的影响。茶树生长在高山多雾的环境中，光照受到雾、露珠的影响，使可见光中的红、黄光得到加强，从而使茶树中的氨基酸、叶绿素和水分明显增加。同时，高山中茶树接受光照时间短、强度低，且空气湿度大，使茶树新梢能在较长时间内保持嫩绿不易变老。对茶叶的色、香、味十分有利。

二是高山上的土壤利于茶树生长。高山上植被繁茂，自然土壤质地疏松，富含大量的有机质。茶树生长的各种营养充分，使得采摘下来的茶叶营养齐全。

高山出好茶离不开山中的自然气候和地质条件，再加上后期茶叶加工中精湛的工艺，使得茶叶具有优良的品质。

高山茶园（一）

高山茶园（二）   平地茶园

高山茶和平地茶有何区别

高山茶和平地茶由于生态环境的不同，所生产的茶叶形态和茶叶品质也不相同，两者主要品质特征区别如下。

高山茶的茶树新梢芽叶肥壮、色泽翠绿、茸毛多，节间长。平地茶的茶树新梢芽叶短小、茸毛少。用高山茶树制成的茶叶，条索紧结、肥硕，有白毫，冲泡后具有特殊的花香，且香高持久、滋味甘醇，耐冲泡。平地茶树制成的茶叶条索细瘦、身骨较轻，冲泡后香气较低，滋味淡。

中国很多高山茶都是以当地的云雾加以命名，如江西的庐山云雾茶、安徽的高峰云雾茶、江苏的花果山云雾茶、浙江的华顶云雾茶、湖南的南岳云雾茶等。其次，中国台湾也有很多高山茶，这些高山茶一般产自阿里山茶区、梨山茶区、杉林溪茶区等。

茶的"收敛性"

茶的收敛性与茶的苦涩物质有关，是指茶叶入口后的苦涩味转化为回甘经历的感知时间的强度。

收敛性强的茶叶，入口后感知到苦涩味至消退为回甘的时间短；收敛性弱的茶叶，入口后苦涩味在口腔内被感知至消退为回甘的时间长，有些劣质的茶叶会一直延续苦涩味。

购买茶叶前可以品味茶，收敛性强弱是判别茶叶优劣的重要鉴别点。

⚬ 什么是"挂杯"

"挂杯"这个说法最早是从品酒中来的，因为酒与水不同，分布在杯壁上的酒液会有一定的张力，使得酒液不会很快落下，这就称为挂杯。

挂杯具体指的是酒在杯壁上残留的时间，酒液流得越慢，挂杯时间越长，说明酒中的糖分越高，从酒液延伸到茶水，也有很多人用挂杯来品鉴茶叶的好坏。

不过品茶中的挂杯，并非指的是茶汤停留在杯壁上的时间，而是指茶香留在杯壁上的时间。留香时间越久，挂杯时间越长，说明茶叶越好。

挂杯的考量与品茶叶香气中的冷嗅有异曲同工之妙。

茶冷后也可以嗅闻香气

小常识

品味茶香有三种方法，分别是热嗅、冷嗅及温嗅。三者是相对于温度而言的，通过不同温度下茶叶的香气来辨别茶叶的优劣。

热嗅即嗅闻茶叶刚泡好时的香味。热嗅主要是辨别茶叶香气的纯、异，如绿茶的清香、黄茶的锅巴香、红茶的甜香就属于纯；异则包括晒气、霉气、酸馊气、青气、焦气和烟气。

冷嗅即茶叶冲泡并冷却后的香味。冷嗅主要是辨别茶叶香气的长短、持久度等，如果冷嗅时，还有余香，则说明茶叶品质优异。

温嗅介于热嗅和冷嗅之间。温嗅主要是辨别茶叶香气的优次和香气类型，如茶中的清香、板栗香、兰花香等，根据茶叶类型的不同，香气的优次辨别也不同。

嗅闻茶叶香气

茶需要"醒"吗

经常饮茶的人都知道茶在冲泡之前要"醒"。醒茶分为干醒和湿醒，两者的目的都是让茶香、茶味在后面的冲泡中散发出最佳状态。

干醒通常指的是将黑茶（如普洱茶、七子饼茶等）从仓库中取出后，通过解散茶叶，使其能通风散气，让茶叶自然呼吸，将并不属于茶叶的闷、杂、沉等味道去除，恢复茶叶的本质，重新散发出茶叶本身的韵味。

湿醒也就是我们常说的润茶、洗茶，即让茶叶与热水接触，提高茶叶自身的温度，使茶叶缓缓舒展开来。湿醒还可以去除附带在茶叶上的浮尘，使茶味充分释放。

六大茶类中因为绿茶为不发酵茶，且绿茶一般芽叶细嫩，储存、运输等一般时间不长，且沾染的灰尘几乎没有，所以很多人喜爱喝绿茶的头泡茶，香气、滋味更足。其他茶类在冲泡前需要过滤掉第一泡茶汤。

茶的"耐泡度"

喝茶的人不可避免地会谈到茶叶的耐泡程度，大部分会武断地说："古茶树耐泡，小茶树不耐泡。"其实决定一款茶耐不耐泡，有很多的因素，要看其原料的粗细，也要看茶叶的制作工艺。

▼ 茶叶的嫩度和完整程度

我们知道毛尖、银针、雀舌等十分不耐泡，而原料为一芽两叶、一芽三四叶的红茶、黑茶更

同一类茶中，芽叶越细嫩越不耐泡

加耐泡，这是因为茶叶越粗老其成品茶在水中浸出释放的物质越缓慢，所以越耐泡。

茶叶的完整度与茶叶的制作工艺息息相关，如红碎茶因为制作过程中使用揉切技术，茶叶被切碎了，所以红碎茶不耐泡，基本1~2次就没有味道了。

▼ 揉捻程度

茶叶的揉捻程度越高细胞壁破损就越严重，在水中浸出物释放的速度也就越快，耐泡程度也就越低了。

☙ 茶可以冷泡吗

冷泡茶是以冷水（矿泉水或纯净水）浸泡茶叶而得，茶碱不易释出，可减轻对胃的刺激，因此敏感体质或胃弱者比较适合饮用。另外冷水泡白茶可减少茶单宁释出，饮用时苦涩味较小，可以改善茶的口感。

☙ 为何不宜空腹饮茶

由于茶叶中含有咖啡因等生物碱，空腹饮茶易使肠道吸收咖啡因过多，从而会使某些人产生亢进的症状，如心慌、头昏、手脚无力、心神恍惚等。不常喝茶的人，尤其是清晨空腹喝茶，更容易出现上述症状。患胃病、十二指肠溃疡的中老年人更不宜空腹饮茶，尤其是浓茶。因为过多的茶多酚会刺激胃肠黏膜，从而导致病情加重，有的还会引起消化不良或便秘。

☙ 饮茶的讲究

饮茶也分四季，四季中春季适合饮花茶、绿茶，夏季宜饮绿茶、黄茶、白茶，秋季饮青茶，冬季饮红茶。而黑茶四季均适合饮用。

春季饮花茶、绿茶

春季是万物复苏的季节，给万物带来生机，但此时人们也容易疲乏，俗称"春困"。在这个季节饮用花茶、绿茶，可以缓解春困带来的不良影响。花茶具有花的香味，绿茶则清香高长，饮用有利于散发聚集在人体内的冬寒邪，促进人体内阳气生发，具有令人神清气爽、提神醒脑的作用。

夏季饮绿茶、黄茶、白茶

夏日骄阳似火，人的体力消耗最多，容易精神不振，绿茶、黄茶、白茶中的矿物质、氨基酸、维生素能补充人体所需的微量元素，此时饮用不发酵的绿茶和轻发酵的黄茶、白茶，能起到消暑去热、生津止渴、解燥等效果。所以天气炎热的夏天，泡上一杯茶，带来一个凉爽的夏季吧。

秋季饮青茶

秋天，花木凋零，气候干燥，这个季节容易让人口干舌燥、嘴唇干裂，俗称"秋燥"。这个时机适宜饮用青茶，青茶属于半发酵茶，不寒不热，具有润肤、润喉、生津等功效，能让人体适应自然环境的变化。

冬季饮红茶

冬季天寒地冻，寒邪袭人，人体的生理功能减退，这个季节适宜饮用红茶，因为红茶属于全发酵茶，可养人体阳气，红茶中丰富的蛋白质和茶多糖，能生热暖腹，增强人体抵抗力，还能助消化、去油腻。

小常识

1. 饮茶还要有度，茶叶中富含维生素、茶氨酸等，每日饮用有利于清油解腻、消食利尿等，但并不是喝得越多越好，一般来说，每日饮茶两次左右较为适合。

2. 空腹喝茶会稀释胃液，降低胃的消化功能，还会使茶叶中的不良成分大量入血，引发头晕、心慌、四肢举动无力等现象。

3. 服药期间不宜饮茶，茶中的鞣酸会和很多药物结合产生沉淀，阻碍人体对于其成分的吸收，从而影响药效。除了以上几点外，胃寒、神经衰弱、哺乳期妇女不宜饮茶，失眠症患者睡前也不宜饮茶。

婚礼中的茶礼

从古到今，我国许多地方在结婚的每一个过程中，往往都离不开"茶礼"。

自唐太宗贞观十五年，文成公主入藏带去茶开始，茶就作为婚礼礼仪的一部分，至今已有1300多年的历史。唐代，饮茶之风盛行，茶叶成为婚礼中不可少的礼品。宋代，茶由女子结婚

婚礼中的茶礼

的嫁妆礼品转变为男子向女子求婚的聘礼。元明时期，茶礼几乎是婚姻的代名词，女子受聘茶礼称"吃茶"。清朝仍保留了茶礼的观念，有"好女不吃两家茶"的说法。

此外，各民族也普遍流行着婚礼中以茶为礼的风俗。

藏族一般把茶叶作为婚姻的珍贵礼品。藏族结婚时，会熬制大量的酥油茶来招待宾客，并由新娘亲自斟茶，以此象征幸福美满、恩爱情深，这种风俗一直沿袭至今。

云南拉祜族，善于栽茶，也善于评茶。当男方去女方家求婚时，必须带上一包茶叶、两只茶罐和两套茶具。而女方家长则会根据男方送来的"求婚茶"质量的优劣，作为了解男方劳动本领高低的主要依据。因此，茶叶的品质也成了青年男女结婚的先决条件。

广西瑶族自治县聚居在茶山瑶族的婚礼被称为"一杯清茶一堆火"。当地娶亲的一方家里由最年长的人迎接新人，只需备一杯清茶，烧一个旺旺的火堆，婚礼的过程就是由长者给新人奉茶并致祝辞，便告完婚。

在云南西双版纳的布朗族，举行婚礼的这一天，男方派一对夫妇接亲，女方则派一对夫妇送亲。女方父母给女儿的嫁妆中有茶树、竹篷、铁锅、红布、公鸡、母鸡等。不管穷富与否，在给女儿的嫁妆中，茶树是必不能少的。

辽宁、内蒙古一带的撒拉族，男方请媒人说亲，经女方家长或姑娘同意后，双方便择定吉日由媒人向女方家送"订婚茶"。订婚茶一般是2公斤，分成两包，另外，还要加一对耳坠及其他礼品。

贵州侗族的男女婚姻在双方父母决定后，如果姑娘不愿意，可以用退茶的方式退婚。具体做法是，姑娘悄悄包好一包茶叶，选择一个适当的机会亲自送到男方家中，对男方的父母说："舅舅、舅娘，我没有福分来服侍两位老人家，请另找好媳妇吧！"说完，就把茶叶放在堂屋的桌子上，然后离开，这门亲事就这样给退掉了。

⚉ 什么是龙虎斗

纳西族生活在云南玉龙雪山下丽江一带，历史文化悠久，是一个爱好饮茶的民族。纳西族除了有饮"糖茶""盐茶""油茶"的习俗外，还有一种奇特的茶俗——阿吉勒烤，翻译成汉语为"龙虎斗"。"龙虎斗"是一种以茶治病的习俗，就是先把拳头大小的陶罐烤热，然后在其中装入茶叶继续烘烤，一边烤，一边抖动，以免茶叶烤焦。等到茶叶烤到焦黄有香味时，向罐中倒满开水，稍煮一会儿。此时，取一个洗净的茶盅，在茶盅内倒半杯白酒，随后在熬好的茶汤倒入茶盅，会发出悦耳的响声，当地把这种响声看成吉祥的象征。"龙虎斗"不仅茶香酒香四溢，风味独特，还是纳西族治疗感冒的传统秘方。喝一盅"龙虎斗"，会让人周身发汗，四体通泰，无比舒畅。

第二章

器为基，水交融

器为
茶之父

茶具又称为茶器，广义上的茶具是指与泡茶、饮茶有关的所有器具，狭义上的茶具是指茶壶、盖碗、茶杯、茶盏等器皿。茶具与茶叶相辅相成，有"器为茶之父"的说法，茶具发展至今，种类繁多，样式新颖，不仅具有实用价值、观赏价值，还具有收藏价值。

🍵 茶具的演变

茶具的演变与农业的发展、技术的革新密切相关，随着茶叶饮用方式的不断演变，茶具也在随之改变，不同时期饮茶用具都有不同的特点。

▼ 新石器时代茶具的特点

新石器时代的生产力水平低下，人们的主要用具为磨制石器。后来，虽然能够烧制出比较简单的陶器，但由于技术水平的限制，烧制的陶器数量有限。因此，在当时人们的日常生活中，一件物品必须要有多种用途，不可能仅用来做一件事情。所以在那时，还没有出现供饮茶用的专门茶具。

▼ 商周时期茶具的特点

青铜器鼎盛的时期的商周，已经能够烧制各种考究的青铜器具，一些达官贵人已使用专门的酒杯饮酒，但关于茶的历史记载有限。仅在晋·常璩《华阳国志·巴志》中记载，武王伐纣时，有小国将茶作为珍品进献给周武王，还记载西周时已经有了人工栽培的茶园。但由于当时的人们对茶的认识不多，因此也不可能出现专用的饮茶用具。

▼ 汉代茶具的特点

关于茶具的形成，其雏形可以追溯到汉代，在一些典籍记载中能找到关于"茶"的印记。特别是西汉文学家王褒在《僮约》中提到的"烹茶尽具，酺已盖藏"之说，一直被认为是我国最早的关于茶具的史料。1990年，浙江上虞出土了一批东汉时期的碗、杯、壶、盏等器具，在一个青瓷储茶瓮底座上有"茶"字，考古学家认为这是世界上最早的茶具。而明确表明有茶具意义的最早文字记载，则是西晋左思的《娇女诗》，其内的"心为茶荈剧，吹嘘对鼎"，这里的"鼎"当属茶具。

这些史料足以说明在汉代以后唐代以前，尽管已经有出土的专用茶具，但食具和茶具、酒具等饮具之间，并没有严格的区分，在很长一段时间内皆是混用的。陆羽在《茶经》曾引述西晋八王之乱时，晋惠帝司马衷蒙难，从河南许昌回洛阳，侍从"持瓦盂承茶"敬奉之事。

Tips

夏朝、秦朝、西楚等朝代的茶具在当时并没有突破性的发展，所以在这里不再赘述。

法门寺地宫出土的鎏金银龟盒（茶盒）

▼ 唐代茶具的特点

中国的饮茶之风兴于唐代，唐代是我国历史上的一个盛世，社会稳定，经济繁荣，人们的生活和文化水平显著提高，茶业也因此兴盛。人们对茶叶的消费大大增加，人们饮茶不再单纯地追求解渴等表面功能，已经达到了"品饮"的高度。茶具在过去的基础上也有了长足的发展。这一时期已经出现了越瓷等经典瓷器，以及金、银、铜、锡等金属茶具。

唐代不仅生产了大量瓷器茶具，还出现了金属茶具和琉璃茶具。唐代陆羽的《茶经》中，就共记载了28件茶具，包括煮茶、饮茶、贮茶用具等。

唐代茶具有以下三个特点：

一是以瓷器茶具为主。唐代茶业经济的繁荣和技术水平的进步，推动了陶瓷产业的迅速发展。以南方生产青瓷的越窑和北方生产白瓷的邢窑为代表的大量窑场如雨后春笋般出现在全国各地。这些窑场生产的瓷器种类多、外形美、成本低，是当时最常见的茶具。

二是出现昂贵的金属茶具。唐代的金银器制作工艺已经达到了很高的水平，生产的器具质量考究，质地精美，图案丰富。但由于价格较高，只有贵族才会使用。1987年在陕西省扶风县法门寺地宫出土的鎏金银茶具，足以说明唐代宫廷饮茶的风貌。

三是使用奢侈的琉璃茶具。唐代还出现了极为奢侈的琉璃茶具。陕西扶风法门寺地宫出土的由唐僖宗供奉的素面圈足淡黄色琉璃茶盏和琉璃茶托，是最好的证明。虽然那时的琉璃茶具透明度很低，质地较混，造型和装饰也很简单，但代表了当时最先进的生产水平。

▼ 宋代茶具的特点

中国饮茶"兴于唐而盛于宋"。宋代，茶业日益发展，饮茶之风盛行，从皇室贵族至平民百姓，几乎是无人不喜于饮茶。宋太祖赵匡胤就曾下诏要求地方向朝廷贡茶，宋徽宗也曾大力提倡饮茶。这一时期，茶叶有了很大的发展，出现了"大龙团"等珍品；饮茶方式也发生了很大的变化，由唐代的煮茶逐渐变成了点茶，从而使茶具也发生了一些变化，除了唐代已有的茶具外，还出现了茶焙、茶碾、茶匙等新式茶具，其中最具代表性的是茶筅、汤瓶、茶盏三种点茶用具。瓷器茶具更加考究、金银茶具也日渐增多，漆茶具也开始流行了起来。

宋代茶具的特点可以归纳总结为以下三点：

一是造型和工艺有了很大的发展。宋代人的饮茶方式主要是点茶法。所谓"点茶"，即是煎水不煎茶，将半发酵的茶叶制成的茶饼碾成茶末后，用沸水在茶盏里冲点，同时用茶筅搅动，茶沫上浮，形成粥面。这就要求茶瓶的流要加长，口部要更圆峻，器身与器颈也需增高，把手的曲线也变得很柔和，茶托的式样更多。

茶筅

二是使用的茶具尚浅、尚黑。唐代时出现的斗茶在宋代达到了鼎盛期，斗茶之风盛行。宋人斗茶主要有三个评判标准：一看茶面汤花的色泽与均匀程度；二看茶盏内沿与汤花相接处有无水痕；三品茶汤。因此，为了便于观看茶色和水痕，宋人改唐代的碗为盏。茶盏、茶筅和汤瓶是三种最具代表性的点茶用具。由于宋人对茶色的要求很高，以纯白为最佳，因此最适合用黑茶具盛之，所以当时的人们崇尚黑色茶具。蔡襄的《茶录》中记载说，因"茶色白"而"宜黑盏"，可见当时黑色茶具非常流行。

汤瓶

三是茶具的实用性减少。宋代过分地追求形式的斗茶和华丽的点茶法，日渐背离了陆羽所强调的茶具要方便、耐用、宜茶的基本原则，给茶器的健康发展带来了一些不利因素。但是点茶法的出现也促进了茶业的发展，宋代的茶具总体上来说仍取得了较大的进步，达到了历代以来前所未有的新高度。

茶盏

▼ 明代茶具的特点

明代是中国饮茶史上的一个重要时期，明太祖朱元璋下令罢团茶之后，盛行于宋代的"斗茶"便不再流行，散茶开始流行，并逐渐代替斗茶成了社会饮茶方式的主流。由于人们不再以斗茶为乐，茶叶也无须碾末冲泡，因此，以前用于碾碎茶团的碾、磨、罗等茶具逐渐废弃不用，一些新的茶具品种脱颖而出。

明代饮用的茶多为蒸青、炒青，其茶汤色淡黄，与宋代所追求茶汤纯白截然不同。因此，对茶具的色泽要求发生了变化。

明代茶具的特点可以归纳为以下四点：

一是白瓷茶具开始流行。宋代崇尚的以黑釉盏为代表的黑色器具逐渐退出人们的视线，取而代之的白瓷茶具开始流行。景德镇作为全国的制瓷中心，生产了大量茶具，品种丰富，造型各异。这一时期，出现了著名红釉瓷，其中，青花瓷和彩瓷茶具是当时最受欢迎的饮茶器具。

二是紫砂壶开始流行。明代中后期，社会上出现了使用陶器茶具的风潮，其中以紫砂壶最为出名。陶器作为茶具的历史极为久远，新石器时代已有非常粗糙的陶土器具。到了明代，煎煮茶饼的土黄大砂罐演变为以紫色为主，形状也从大变小，逐渐演化为独树一帜的紫砂壶。紫砂壶具有优良的宜茶性，不吸茶香，不损茶色。直到现在，紫砂壶仍然是饮茶的最佳茶具之一。

三是茶具趋于小巧、精致。明代茶具追求小巧、朴拙。明代的文人骚客对茶艺颇有讲究，喜自然、精致。他们不仅沉醉于白瓷茶具的细腻与淡雅，而且喜爱茶具的小巧。

四是出现锡制茶具。明代还出现了锡质茶具，并且和紫砂壶一样受到了文人的推崇。从现存及出土的明代器具来看，锡质茶具占据了很大的比例。

明代茶具

▼ 清代茶具的特点

清代也是中国茶文化史上的一个重要时期，茶叶类别有了很大的发展，绿茶、红茶、乌龙茶、白茶、黑茶和黄茶这六大茶类都已形成，而且宫廷饮茶之风盛行。茶具在承袭明代茶具的基础上取得了很大的发展，其中，江苏宜兴的紫砂陶茶具和江西景德镇的青花瓷最为盛名。

清代茶具的特点可以归纳为以下两点：

一是紫砂茶具步入鼎盛时期，并渐渐成为贡品。当时的紫砂茶具造型简练大方、色调古朴雅致，尤其是仿生技巧，已经达到了炉火纯青的地步。这一时期出现了许多制壶名家和名壶。如文人陈曼生，制壶名家杨彭年、陈鸣远、邵大亨等。清代紫砂茶具在继承明代的基础上有了很大的发展。文人壶的出现为紫砂茶具开辟了一个全新的境界，从而使一个简单的紫砂茶具变成了极具欣赏的艺术品。

二是瓷器发展进入黄金时期。景德镇仍然是我国瓷器的主要生产地。这一时期的瓷器与明代瓷器相比，在造型、釉彩、纹样及装饰风格等方面都有很大的变化。青花瓷作为彩瓷茶具中一个最重要的花色品种，其造型优美、新颖，制作精致，最受欢迎。尤其是在康熙年间烧制的青花瓷器胎质细腻洁白，纯净无瑕，有"清代之最"之称。

清代茶具

茶具的分类

饮茶是一种艺术，作为艺术的承载，茶具发挥着至关重要的作用，泡茶所需要的茶具更是五彩缤纷。茶具的分类可以根据茶具的材质分，也可以根据茶具的用途分。茶具根据其不同材质可分为紫砂茶具、瓷器茶具、金属茶具、玻璃茶具、竹木茶具等，根据材质的不同其特点、适合茶类也不同。茶具按用途可分为主茶具、辅助茶具、备水器、备茶器。

▼ 紫砂茶具

紫砂茶具，由陶器发展而成，是一种新质陶器。陶器作为中国饮茶最早的用具之一，经历了从粗陶、硬陶、釉陶、紫砂陶等几个发展阶段。

紫砂茶具是指包括壶、杯，主要以紫砂壶为主的茶具组合。紫砂是指经过高温烧制，具有特殊双气孔结果、透气性良好且不渗漏的一种茶具。紫砂茶具很有特点，也很受欢迎，直到现在，仍然是人们泡茶最喜欢用的茶具。

追本溯源话紫砂

紫砂茶具是陶质茶具的一种，可以用紫砂制作各种茶具，如紫砂壶、紫砂杯、紫砂茶盅等，具有研究和收藏价值的主要以紫砂壶为主。

紫砂茶具始于宋代，盛行于明清，流传至今。北宋梅尧臣的《依韵和杜相公谢蔡君谟寄茶》中说道："小石冷泉留早味，紫泥新品泛春华。"这里面说的就是紫砂茶具在北宋刚开始兴起的情景。

明代紫砂茶具已非常出名，其中最著名的当属宜兴紫砂茶具。这一时期出现了李茂林、时大彬等许多著名的制壶专家，紫砂壶的造型艺术也呈现出色彩纷呈、各具特色的态势，这也从侧面反映出明代紫砂工艺已经取得了很大的成就。

清代，紫砂茶具进入鼎盛时期，并逐渐发展成贡品。当时的紫砂茶具在造型上又有了很大的突破和创新，尤其是在仿生技巧方面，更是达到了炉火纯青的地步。嘉庆、道光年间，还出现了独树一帜的文人壶。文人壶的出现使得紫砂茶具不只简单地作为茶的载体，而更在于壶本身的艺术内涵。许多紫砂茶具成为紫砂艺术品。清末，紫砂茶具总体走向衰落，但仍有一些制壶名家潜心钻研，使紫砂茶具在实用性上得到了发展。

> **小常识**
>
> 陶质茶具指用陶土烧制而成的茶具。陶器是人类最早制作和使用的器皿之一，是新石器时代最重要的发明，经历了从粗陶到硬陶、硬陶到釉陶，一直发展到现在的紫砂陶，在瓷器茶具出现后，陶器茶具曾一度被淘汰，但随着茶艺表演的兴起，陶器茶具又重新被人们所重视起来。

仿古刻字紫砂茶具

紫砂茶具特点

耐寒耐热

从材质上看，紫砂茶具在高温下烧制而成，坯质致密坚硬，既耐寒又耐热，直接注入热水或直接用来炖茶皆不会引起破裂。

不易烫手

紫砂茶具传热慢，持壶倒茶也不易烫手。

保持原味

从茶水效果上看，用紫砂茶具泡茶，茶水不失原味且能阻止香味四散，保留原香，久放的茶水也不易变质。

不能欣赏茶姿和汤色

由于紫砂茶具受色泽的影响，用它泡茶时，很难欣赏到茶叶的上蹿下跳的美姿和汤色。

紫砂壶的分类

紫砂壶可以根据泥料的不同分为红泥紫砂壶、绿泥紫砂壶和紫泥紫砂壶；也可以根据工艺分为光身紫砂壶、花果紫砂壶、方壶、筋纹紫砂壶和陶艺紫砂壶；在紫砂壶制作行业中还可以分为光货、花货和筋货。

红泥紫砂壶

红泥是来自于矿层底部的泥料，产量少。用红泥烧制而成的紫砂，多为朱砂色、朱砂紫等。

绿泥紫砂壶

绿泥是紫砂中的夹脂，又称为"泥中泥"。绿泥的产量少，多用于紫砂表面的粉料或涂料。

紫泥紫砂壶

紫泥是紫砂茶具最主要的泥料。用紫泥烧制而成的紫砂壶呈紫色、紫棕色和紫黑色。

光身紫砂壶

光壶是以圆为主，在圆形的基础上加以演变，用线条、描绘、铭刻等多种手法来制作的一种常见壶形，该壶形可以满足不同藏家的爱好。

花果紫砂壶

花壶是以瓜、果、树、竹等自然界的物种来作题材，加以艺术创作而制成的壶形，其最大的特点是充分表现出自然美和返璞归真。

方壶

方壶是以点、线、面相结合的造型。来源于器皿和建筑等题材，以书画等当作装饰手段。壶体壮重稳健，刚柔相间，更能体现人体美学。

筋纹紫砂壶——筋纹菱花壶俗称"筋瓤壶"，是以壶顶中心向外围射有规则线条之壶，竖直线条叫筋，横线称纹，故也称"筋纹器"。

陶艺紫砂壶——一种是"圆非圆，方非方，花非花，筋非筋"的一种较抽象形体的壶，可采用油画、国画图案和色彩来装饰，兼传统和非传统的陶瓷艺术，形态较为奇特。

光货——与按照工艺划分里的光壶类似。光货是一种壶身为几何体、表面光素的几何形紫砂壶。光货又可分为圆货、方货两大类。圆货是一种茶壶的横剖面为圆形或椭圆形的紫砂壶，圆壶、提梁壶、仿鼓壶、掇球壶等皆是圆货。方货是一种茶壶的横剖面为四方、六方或八方等方形的紫砂壶，僧帽壶、传炉壶、瓢梭壶等皆是方货。

花货——与按照工艺划分里的花果壶类似。花货是一种采用雕塑技法或浮雕、半圆雕装饰技法随意捏制而成的自然形茶壶。将生活中所见的各种自然素材的形态以艺术手法设计成茶壶造型，诸如松树段壶、竹节壶、梅干壶、西瓜壶等，不仅具有浓厚的生活气息，而且富有诗情画意。明代供春所制的树瘿壶是已知最早的花货紫砂壶。

筋货——与按照工艺划分里的筋纹紫砂壶类似。筋货是一种以自然素材如生活中所见的瓜棱、花瓣、云水纹干等为样本创作出来的壶器造型样式。这类壶艺要求口、盖、嘴、底、把都必须做成筋纹形，使与壶身的纹理相配合。这也使得该工艺手法达到了无比严密的程度。近代常见的筋纹器造型有合菱壶、丰菊壶等。

紫砂壶鉴赏

在长期的历史发展中，紫砂壶已经不仅仅是一种实用的饮茶工具，而且是聚集了历代紫砂制作名家的智慧和精神的艺术品。对于紫砂壶的赏鉴，可以抽象的用"形神兼备、气势不凡、姿态优美"这十二个字来形容。具体来讲，紫砂壶首先应该具有良好的外表轮廓和面相，其次应该给人一种内在的精气神韵。虽然对于紫砂壶的赏鉴，每个人都有自己不同的看法，但鉴赏紫砂壶的要点一般离不开这六个字，即泥、形、工、纹、功、火。

泥，即紫砂泥。它是一种分子结构与其他泥不同的泥料。其实，紫砂壶之所以能够闻名于世，是由它所使用的制作原料紫砂泥的优越性决定的。紫砂泥的精粗优劣决定了紫砂壶的质量，因此，赏鉴紫砂壶首先评价的就是泥的优劣。由于紫砂壶是实用功能很强的艺术品，所以紫砂壶需要不断摸索，让手感舒服，达到心情愉悦的目的。所以紫砂质表的感觉比泥色更重要。优质的紫砂泥色泽温润、古朴典雅、滑而不腻、手感良好。

优质的紫砂泥制作的紫砂壶温润如玉

形，即紫砂壶的器形。紫砂壶的形是存世各类器皿中最丰富的，素有"方非一式，圆不一相"之赞誉。但如何对这些器形进行鉴赏，也是仁者见仁，智者见智。有人重古拙，有人爱清秀，有人喜大度，有人求趣味，但最基本的要求是使壶的使用功能与艺术造型相统一。精美的紫砂壶的外形，固然对独创性、文化含量、艺术传达手法有一定的要求，但也必须注重壶的实用价值。因为紫砂壶首先是一种泡茶用具，如果脱离了使用功能，即使壶的外形很美，也不能称为优质壶。因此，只有外形的独特性和基础的实用性完美结合的紫砂壶才是最值得赏鉴、最有价值的壶器。

器形优美一定是建立在实用基础上的

工，即紫砂壶的制作工艺。同样器形的紫砂壶，由于做工不同，其价位和审美价值也会有天壤之别。紫砂壶造型复杂，壶体上的流、嘴、把、盖等皆须仔细考究。点、线、面，是构成紫砂壶形体的基本元素，在紫砂壶成型过程，犹如工笔绘画一样，起笔落笔、转弯曲折、抑扬顿挫等都必须交代清楚。

纹，即紫砂壶的纹饰。它包括题名、印
款、刻画等。鉴赏紫砂壶的纹包含两层意思：
一是鉴别壶的作者，或题诗镌铭的作者；二是
欣赏题词的内容、镌刻的书画，还有印款。紫
砂壶的装饰艺术是中国传统艺术的一部分，它
具有中国传统艺术"诗、书、画、印"为一体
的显著特点。所以，一把紫砂壶可看的地方除
泥色、造型、制作工艺以外，还有文学、书
法、绘画、金石诸多方面，能给赏壶人带来更
多美的享受。

诗文镌刻让紫砂壶更加赏心悦目

功，即紫砂壶的实用功能。它是指紫
砂壶在日常的使用过程中的一些表现。比如
说：壶的容量大小是否合适，壶嘴的出水、
断水是否干脆，壶把是否拿捏方便等。现
如今，紫砂壶层出不穷，一些紫砂壶的制作
者过于追求造型的优美华丽，而忽视壶本身
的实用功能，于是就会出现壶器中看不中用
的现象。因此，我们在追求紫砂壶的艺术美
时，更要注重对实用功能的把握。

实用功能是鉴赏紫砂壶优劣的第一步

火，即紫砂壶的烧制火候。用火焙烧是紫砂壶制作的最后一道工序，因此在火候的把握上要
尤其注意，过高或过低的火必然会影响紫砂壶的烧成质量。所以，在鉴赏紫砂壶时，可以从紫砂
壶的胎质、表面的颜色和器表肌理效果等方面来对"火"进行评估。

紫砂壶各部分名称

紫砂壶各个部分均有名称，了解紫砂壶必须先从紫砂壶的结构入手，才能正确地认识紫砂壶。

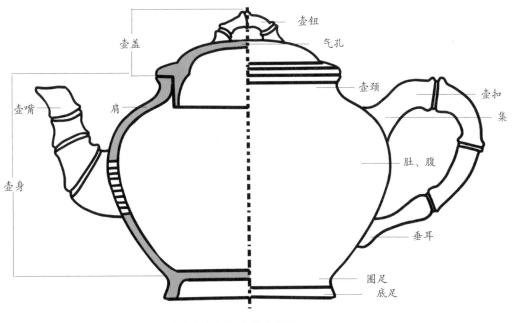

壶盖　壶钮　气孔　壶颈　壶扣　集　壶嘴　肩　肚、腹　壶身　垂耳　圈足　底足

紫砂壶各部分名称示意图

紫砂壶收藏价值

紫砂壶具有收藏价值主要有以下三点原因：

一是紫砂壶本身有越养越有灵气的特质，因为紫砂壶面不施加釉，养得越久，壶身会越光润、色彩照人。

二是精良的紫砂制作工艺往往让紫砂壶爱好者叹为观止，特别是名家紫砂壶常引发"泥土与黄金等价"的现象。在市场上，宜兴的紫砂壶价格就是倍增的，大师级制作的紫砂壶价格动辄就是几十万元，有的甚至达到上百万元，掀起名家壶高价格的原因与茶叶的兴起有很重要的关系，正是因为有越来越多的人爱上饮茶，所以才会掀起名家壶收藏投资的风潮。

三是紫砂壶名家制作具有更高的收藏价值，他们的名字和紫砂壶紧紧地联系在一起，不仅代表了那些制壶名家，也代表了时代紫砂壶工艺的最高成就。

挑选紫砂壶的方法

　　紫砂壶虽然很受欢迎，泡出的茶汤也很有特色，但是市场上的紫砂壶也是优劣并存，那么如何选择一个好的紫砂壶呢？归纳总结为以下几点：

　　一是仔细观察紫砂原料。紫砂壶的原料很大程度上决定了紫砂壶的价值、工艺和实用性，所以在挑选紫砂壶时要谨慎，不要挑颜色过于鲜艳的，这种紫砂壶往往添加其他化学物质。

　　二是考虑紫砂壶的实用性。挑选紫砂壶要根据个人需求选购容量恰当的紫砂壶，也可根据使用场合来选择，如招待客人所用，则可选择较大容量的紫砂壶。同时还要注意使用者对壶把的拿捏是否舒适，沏茶是否得心应手，这些都要根据个人的习惯选购。

人多用大壶　　　　　人少用小壶

　　三是仔细观察紫砂壶是否"三山齐"。"三山齐"是指壶把、壶钮、壶嘴的最高点在一条水平线上，是评判紫砂壶是否为一把好壶的重要依据，所以在购买紫砂壶时，一定要仔细观察紫砂壶的"三山"是否在同一水平线上。如果购买的是横把紫砂壶，这一选购技巧是不存在的。

放在同一水平线上，观察是否"三山齐"

　　四是仔细触摸手感。用手摸紫砂壶身，如有摸豆沙、细而不腻之感则为好壶，如光滑细腻则为次品。同时还可轻敲壶身，声音清脆响亮的可初步认定为次品。

　　五是检查壶盖和壶身的松紧度。松紧度差的紫砂壶在使用时容易脱落而损坏，松紧度差的紫砂壶质量一般也较差。在选购时可用一张单层面巾纸放在中间，轻摇壶盖，如没有晃荡则说明松紧适度。

壶盖和壶身之间空隙较大

触摸紫砂壶表面　　　　敲击壶身　　　　　测试松紧度

紫砂壶开壶技巧

刚购买回来的紫砂壶，不宜立即使用。因为紫砂壶最后从窑内烧制出来，紫砂壶里面难免会留有其他物质，如铝粉、小颗粒等，并带有泥土的腥气，所以需要开壶，紫砂新壶外表和内壁在未使用前会有明显的摩擦颗粒感，而且新壶的颜色黯淡无光。

紫砂新壶需要经过一定的处理，让紫砂壶得到滋养和温润如玉的光泽。而这个过程就叫开壶。开壶的方法有开水煮壶、茶叶定味开壶和茶籽粉开壶。

用水开壶是最简单也是最简便的方法。在煮壶时要将壶盖、壶身分别放入冷水锅中，再用小火慢慢煮沸，一个小时左右关火。这样就能将壶内杂质、土味从气孔中释放，开壶即完成。

在壶内放置茶叶除味，最好是今后用该壶沏哪类茶就放哪类茶叶来定味。具体步骤是：在壶内放置半壶茶叶，用开水冲泡约10分钟；再在锅里烧开水，将茶壶放入锅中用小火煮约2小时，最后将茶壶取出，用壶内茶叶擦拭壶身内外壁约5分钟即可。

茶籽粉是很好的开壶用品，所以有条件的话可以用茶籽粉开壶。首先用开水浸泡壶身、壶盖，等待水凉后用小牙刷涂抹茶籽粉擦拭壶身内外壁约15分钟，里里外外都要仔细地擦拭一遍，最后再用清水洗净即可。

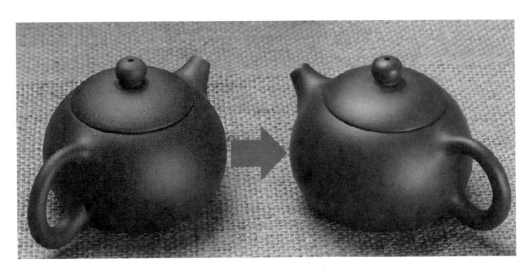

开壶前和开壶后紫砂壶对比图

紫砂壶后期养护

　　紫砂壶在开壶过后便可以使用了，但使用期间也需要一定的养护措施。养护分为日常使用和养壶两方面。日常使用即如何清洗、拿捏等，养壶即紫砂茶具要养护。紫砂是具有灵性的材质，且有越养越有价值、越养越有灵气的特质。养得越久紫砂壶越有润泽、韵味。最好在品茶的过程中养壶，而不是在养壶的过程中品茶。

　　日常养护包括保持紫砂壶清洁，在紫砂壶的日常使用中，一定要保持壶身内外壁的清洁，在开壶时需把壶身上的蜡、油、污清洁干净。紫砂壶最忌油污，因为一旦将油污吸收，则很难再清除，在平时一旦沾染油污须立即清洗。

　　养壶最简单也最方便的方法是：在日常的沏茶、饮茶中，用剩余的茶汤浇淋紫砂壶，浇淋的次数越多，紫砂壶吸收的茶汁就越多，随着时间的推移，紫砂壶会越养越光润。

　　适时擦拭能让紫砂壶身均匀地吸收茶汁，在开水泡过茶之后，壶体表面温度较高，可用茶巾轻轻擦拭壶身或用小刷子轻刷，让壶吸收茶汁；待壶温度降低后可用手心摩擦壶身。适时的擦拭能使紫砂壶润泽如玉。

　　为确保紫砂茶具永久使用，还要劳逸结合，让紫砂壶有休息时间，浸泡一段时间后，搁置几天，让土胎彻底干燥，再次使用又能充分吸收茶汁，使壶越来越有亮泽。

茶汤浇淋紫砂壶后，用养壶笔轻轻将茶汤刷均匀

小常识

　　1.紫砂壶泡过茶之后，如果长期使用，要及时将茶渣、茶汁倒出，清洗干净，并将壶倒置晾干，以免长期不用产生异味或霉变。

　　2.在平时的用壶过程中，一定要防止壶盖的滑落；可在倒茶时用食指轻按壶盖，最好的办法是在壶把和壶钮之间系上细绳，既美观又实用。

▼ 瓷器茶具

商周以前中国饮茶用具以陶器为主。商周时期发明了瓷器，那时的人们饮茶主要用陶土器，瓷器很少且很粗糙。东汉时期出现了青釉瓷器，但由于生产不足，价格昂贵，因此用作茶具的很少。隋唐时期，茶业兴盛，青瓷、白瓷两大单色釉瓷系已经形成，人们饮茶已经开始较多地使用青瓷茶具和白瓷茶具。宋代饮茶和斗茶之风盛行，五大名窑的瓷器生产也超越了以前所有时代，人们已经开始普遍使用瓷器茶具饮茶。明清时期，江西景德镇的青花瓷使当时人们的瓷器茶具更加丰富，并且一直沿用至今。

瓷器茶具的特点

瓷器茶具从外观上看，其造型美观独特、装饰精致小巧、釉色丰富绚烂，观赏性佳。从泡茶效果看，瓷器无吸水性，用瓷质茶具泡茶可以很好地保留茶的色、香、味。从材质上看，瓷器具有一定的保温性，不烫手，也不容易炸裂。从茶水色彩上看，由于瓷器色彩丰富，因此可以很好地反映茶水的色泽。

小常识

宋代"五大名窑"

瓷器发展到宋代，在胎质、釉料和制作技术等方面又有了新的提高，烧瓷技术已经达到完全成熟的程度，在工艺技术上有了明确的分工，宋代是我国瓷器发展的一个重要阶段。

宋代有很多闻名中外的名窑，其中以宋代"五大名窑"的汝、官、哥、钧、定窑的产品最为有名。宋代五大名窑之说，始见于明代皇室收藏目录《宣德鼎彝谱》："内库所藏柴、汝、官、哥、钧、定名窑器皿，款式典雅者，写图进呈。"宋代五大名窑所制造的瓷器茶具，无论是从造型、色彩上，还是从质地、装饰上，都达到了以前从未有过的水平，而且对后世影响深远。

瓷器茶具的分类

瓷器茶具是以高岭土为原料制作而成的茶具，瓷器茶具主要有白瓷茶具、青瓷茶具、黑瓷茶具、玲珑瓷茶具、彩瓷茶具等。这些不同的瓷器茶具在中国茶文化发展的道路上，都曾经写下辉煌的一页。

白瓷茶具是指所用胎、釉皆为白色的瓷器茶具。在唐代，白瓷茶具有"假白玉"之称，河北邢窑生产的白瓷茶"天下无贵贱通用之"。白瓷茶具由于质地透明、色泽洁白、无吸水性、音清且韵长，能够很好真实地反映茶的特质，加之白瓷茶具色彩缤纷、造型各异，传热和保温性适中，所以成为饮茶器皿中的珍品。

白瓷茶具

青瓷茶具色泽青翠，是施青色高温釉的瓷器，其质地细腻、形态端庄、釉色轻盈、纹样雅丽。早在东汉年间就开始有色泽纯正、透明发光的青瓷生产；到唐朝时，越窑的"秘色青釉瓷"烧制技术已经很成熟；宋代，五大名窑之一的浙江哥窑生产的青瓷茶具远销各地，达到了鼎盛时期；明代，质地细腻、造型优雅端庄的青瓷茶具蜚声中外；16世纪，哥窑青瓷茶具开始出口法国，成为稀世珍宝。

青瓷茶具

黑瓷的烧制始于商周，因宋代开始盛行斗茶之风，为黑瓷茶具的崛起创造了条件，黑瓷茶具是施黑色高温釉的瓷器，能放射出五彩缤纷的光辉，增添了文人雅士斗茶的乐趣，所以在当时黑釉品种大量出现。其中最著名的当属建安窑和吉州窑，其烧制的兔毫纹、曜变斑等流光溢彩，是价值连城的珍贵茶具。到了元朝，散茶清饮之风开始盛行，黑瓷茶具逐渐衰落。

黑瓷茶具

玲珑瓷茶具是指运用玲珑瓷制作而成的茶具。在成型的瓷器坯上镂雕透空花纹，施加釉将镂雕的花纹填平，制作出来各种有规则的"玲珑眼"，再烧制而成，成品花纹清晰可见，即有玲珑剔透、细腻轻巧的特点，被誉为"嵌玻璃的瓷器"。

彩瓷又称为"彩绘瓷"，是在器物表面施加彩绘的瓷器。彩瓷茶具有釉上彩和釉下彩之分，且品种很多，造型多样。在明代，景德镇出产的青花瓷在我国最为出色，到了现代，景德镇的青花瓷继承历代优秀传统，开发了更多的品种，在展品瓷器、礼品瓷器等内外销商品上都取得了显著的成效。

玲珑瓷茶具

彩瓷茶具

Tips

中国的彩瓷茶具有釉上彩和釉下彩之分，且品种很多，包括青花瓷、斗彩、珐琅彩、五彩、粉彩等，其中青花瓷最具人气。青花瓷属于釉下彩，而斗彩、五彩、珐琅彩、粉彩等则属于釉上彩。

釉上彩是指在已烧成的白釉或涩胎瓷器上，用色料绘饰各种纹饰，再于700℃～900℃的低温窑炉中二次烧造，低温固化易磨损，易受酸碱等腐蚀。釉下彩又称为"窑彩"，是指在素坯上进行彩绘，后施以透明釉或其他浅色釉，再以高温烧制而成。

釉上彩因为纹样凸出，经长久的摩擦容易被侵蚀，容易脱落变色。釉上彩的色料中含有对人健康有害的成分，所以如发现釉上彩有脱落损害现象，最好不再使用。釉下彩具有永不褪色并经久耐磨的特点，所以在日常使用中，能够保存得比较完好，对健康基本无危害。

因为釉上彩和釉下彩对人体健康的不同影响，所以在挑选彩瓷茶具时，一定要加以区分，最简单的区分方式是直接观察彩瓷茶具的表面。因为釉上彩和釉下彩的制作工艺不同，所以出来的成品外表也不相同。釉上彩由于绘制是在釉面上，所以较容易控制，成本也比较低。其表面有凸出釉面，用手触摸会有立体感；釉下彩一次烧制成功，不容易控制，成本较高，烧制出来的成品色彩光润，表面光滑，用手触摸无立体感，这是两者容易区别的方法。

挑选瓷器茶具的方法

瓷器茶具自创制成功后，就成为人们最为喜欢的茶具之一。随着陶瓷工艺的进步，瓷器的造型和品种也越来越丰富，市场上也是正品、劣品并存，因此，瓷器茶具的选购也尤为重要。挑选的方法归纳如下。

首先，在选择瓷器茶具时，应观察瓷器茶具的釉色。对于素净的纯色瓷器，在选购时应观察瓷器釉面是否平整光滑，有没有斑点、落渣、缩釉等缺点；对于彩瓷茶具，选购时应看釉色是否均匀，色彩是否和谐，花纹的线条是否连贯；如果需要选购整套瓷器茶具，首先应该仔细观察每一件瓷器，然后还要观察整套茶具的釉色、花纹、光泽度是否协调一致，并把整套茶具放在同一水平面上，看其是否整体周正平稳。

其次，在选购瓷器茶具时，应听敲击茶具发出的声音。方法是用中指和食指的指间轻轻敲击茶具表面，仔细听其发出的声音，如

果敲击的声音清脆悦耳，则说明该瓷器茶具瓷化程度好并且没有损伤，如果声音沉闷沙哑，则为质量较差的茶具。

最后，在选购瓷器茶具时，要抚摸茶具表面。质量好的瓷质茶具釉面光滑不涩，用手摸上去柔滑细腻。

通过这三个方面，基本上可以断定瓷质茶具的优劣。而对于瓷器茶具的器形和纹饰，可以根据个人的喜好来选择。

Tips

中国瓷都——景德镇

景德镇有"中国瓷都"的美誉，因为景德镇和中国制瓷业几乎同时出现。

在北宋景德元年，当时的皇帝宋真宗下旨在昌南镇办御窑，同时将昌南镇改名为景德镇。这一时期，景德窑生产的瓷器、质地光润、白青相间，并且已有多彩施釉和各种彩绘。景德镇是宋代青白盏茶具的主要产地，代表了宋代瓷器的最高水平。元代，景德镇已经开始烧制青花瓷。这一时期的青花瓷茶具淡雅滋润，在国内和国外都很受欢迎。明代永乐年间，景德镇成为全国的制瓷中心。不仅青花瓷茶具和白瓷茶具很盛行，而且还出现了造型小巧、质地细腻、色彩艳丽的各种彩瓷。清代景德镇的制瓷技术又有了新发展。康熙年间创造了珐琅彩和粉彩。雍正时期，珐琅彩茶具已达到了只见釉层、不见胎骨的完美程度。这种瓷器对着光可以从背面看到胎面上的彩绘花纹图，制作之巧，令人惊叹。

新中国建立后，对当时民国时期的陶瓷企业和作坊进行了大规模的整合，陶瓷生产规模扩大形成了以日用瓷为主体，艺术、建筑、工业、电子等各类陶瓷共同发展的陶瓷工业体系。1958年创办了一所专门培养高级陶瓷人才的高等学校——景德镇陶瓷学院，成为当时中国最重要的陶瓷生产和出口基地及陶瓷科研教育中心。

景德镇向来很重视瓷釉色彩。我国瓷器用色釉装饰大约起源于商代陶器，东汉时期出现了青釉瓷器，唐代创造了黄、紫、绿三彩，即唐三彩。宋代，色釉的颜色更多，有影青、粉青、定红、紫钧、黑釉等釉色。据史籍记载，宋元时期，景德镇的瓷窑已有三百多座，颜色釉已经占有很大的比重。到了明清时期，景德镇的颜色釉取众窑之长，在继承先前技术的基础上，创造了钧红、祭红、郎窑红等名贵色釉，造诣极高，对后世影响深远。现今，景德镇已恢复和创制了多种已失传的颜色釉，有些如钧红、郎窑红、豆青、文青等已赶上或超过历史最高水平，还新增了火焰红、大铜绿、丁香紫等多种颜色釉。

Tips

中国近代三大瓷都——福建德化

德化是中国近代三大瓷都之一，是中国陶瓷文化的发祥地。德化瓷最早可以追溯到新石器时代，唐宋时期开始慢慢兴起，明清达到了鼎盛期。德化瓷技艺独特，至今传承未断，为中国制瓷技术的传播和中外文化交流做出了贡献。

唐宋时期，景德镇的白瓷茶具和龙泉的青瓷茶具由泉州对外出口，对德化烧瓷影响很大。宋代时，德化已经能够生产精细的白瓷。

明代，德化窑的白瓷胎骨致密、透光度好，光泽明亮，乳白如脂，已经成为全国制瓷业中的佼佼者。当时的德化瓷艺人何朝宗利用当地优质的高岭土，使用捏、塑等八种技法制作出精美的德化瓷塑，釉色乳白，如脂如玉，色调素雅，成为中国白瓷的代表。

晚清以后，德化瓷业每况愈下。新中国成立后，德化瓷业获得新生，在继承前人的优秀技法和风格的基础上，不断创新发展，使德化瓷烧制技艺重新焕发光彩。

中国特色传统瓷器——龙泉青瓷

龙泉青瓷起源于南朝，当时的人们利用当地优越的自然条件，吸取越窑、婺窑、瓯窑的制瓷经验，开始烧制青瓷。但这一时期，龙泉窑业规模不大，操作简单，制作也相当粗糙。

北宋时期，龙泉窑业的发展已初具规模，胎壁薄而坚硬，质地细腻，呈淡淡的灰白色。该时期以烧制民间瓷为主，但也有部分上等瓷器被征为贡品。南宋时期，全国政治、经济中心南移，北方汝窑、定窑等相继衰落，而地处南方的龙泉窑进入鼎盛阶段，新的制瓷作坊大量涌现，产品质量也不断提高。

明清时期，随着封建社会的没落和闭关锁国政策的实行，龙泉青瓷逐渐衰落。直到新中国成立之后，龙泉青瓷才重新获得新生。

德化生产的瓷器茶具

▼ 金属茶具

金属茶具是我国历史上最古老的日用器具之一，是指由金、银、铜、铁、锡等金属材料制成的器具。虽然贵重的金属茶具现在已经很难再看到，但是市场上仍有可以泡茶注水的铁壶和作为茶叶罐使用的锡罐。

金属茶具的演变

殷商时代就有金属器皿的使用，当时的人们就已经开始使用青铜器盛水、盛酒。

秦汉以后，随着茶叶药用功能的发现，饮茶风尚的流行，茶具也逐渐从与其他饮具共用中分离出来。

到南北朝时期，我国出现了包括饮茶器皿在内的金银器具。

隋唐时，金银器具的制作达到高峰。陕西扶风法门寺地宫出土的一套由唐僖宗供奉的鎏金茶具，质量讲究，质地优美，可谓是金属茶具中罕见的稀世珍宝。

唐代鎏金茶具

从宋代开始，金银茶具受到了颇多的争议，人们对其也是褒贬不一。到了明代，由于人们饮茶方式的改变和陶瓷茶具的兴起，金属茶具开始渐渐消失。但作为贮茶器具，金属茶具仍以优越的密封性和良好的防潮性、避光性，深受人们的喜爱。

现当代，一些现代化金属茶具被广泛应用，电插式的不锈钢壶、不锈钢保温杯等皆屡见不鲜。另外，在一些民族特色和功夫茶茶艺中，也能见到金属茶具的身影。

金属茶具的特点

金属贮茶器具如锡罐、铜罐等的密闭性要比纸、竹、木、瓷、陶等好，并且具有较好的防潮、避光性能，这样更有利于散茶的保藏，因此，金属茶具常以贮茶器具，如锡瓶、锡罐等的形式出现。

金属茶具中的铁壶可以煮水，用铁壶煮水沸点温度高，高温可激发和提升茶叶的香气。用铁壶煮出来的茶汤含有铁离子，在饮茶的同时铁离子能被人体吸收，据悉在日本长寿村中，绝大部分家庭都有使用铁壶泡茶的习惯。

金属茶具特别是金银器，外形较为美观、亮丽，可以说是一种财富的代表，身份、地位的象征。作为收藏品，金银器等金属茶具很有收藏价值。

但是，金属茶器比较昂贵，所以古代的下层百姓根本用不起。而作为泡茶工具来说，金属茶具历来被许多人认为会改变茶的原味，所以不推荐使用。

金属茶具分类

金属茶具根据材质的不同，可以简单地分为金、银、锡、铜、铁等材质茶具，金银茶具在现代已经很难寻得，锡材质则主要作为茶叶罐存在，铜材质的茶具现已不再使用，铁材质的铁壶则作为煮泡工具出现。

金银茶具

自商代出现了金银制品，春秋战国时代已有金银镶嵌工艺。唐代是我国金银器发展史上的第一个高峰期，大量金银矿被开发出来，同时，金银器的加工工艺也有了很大的突破。最出名的属陕西法门寺出土的鎏璃金银茶具。宋代金银器轻薄精巧、典雅秀美，清代的则较为华丽。金银茶具比较昂贵，底层民众享用不起，是宫廷茶具。

银制茶具

法门寺出土的金银茶具

锡罐

锡材质的器皿自明代永乐年间就已经出现，在云南、广东、山东、福建等地均有生产。锡器平和柔滑的特性，高贵典雅的造型，历久长新的光泽，历来深受各界人士的青睐。高档茶叶多用锡器包装。锡罐储装茶叶，密封性好，保鲜时间长，已被公认为茶叶长期保鲜的最佳器皿。用锡器泡茶，也可以避免茶香外溢，可以保持茶的原味并长久保持茶香。

锡罐

铜茶具

中国的青铜器源于新石器时代，到了商周时代，中国已经进入青铜时代，那时的王公贵族已经开始使用青铜器具盛水、饮酒。后来，茶具与饮具等分离，专用的青铜茶具也开始出现。但随着瓷器茶具的发展壮大，铜器茶具逐渐衰退。在当代，虽然制铜技术不断进步，但人们更多地使用不锈钢制品，因此，铜器茶具已不再常见。

铁壶

铁材质的茶具相对金银茶具来说价格低廉，是金属茶具中应用较多的一种。铁壶至今仍然被广泛使用。

很多铁壶是由工匠纯手动打造而成的，打造出来的铁壶造型是世间上独一无二的，其造型具有唯一性，很多铁壶具有很高的艺术价值，不仅仅是一件日常使用的泡茶工具，更是一件不可多得的艺术品。所以一把铁壶既可以当作日常茶壶来使用，又可以当作一件艺术品欣赏或古董收藏。

铁壶

小常识

1.铁壶的内外部保养方法。对铁壶内部的保养时忌用干布或毛刷擦洗，更不能使用清洁剂洗铁壶，会发生化学反应，导致铁壶损坏。铁壶外部的保养的方法是在铁壶注水后仍有余热时，用茶巾蘸一点茶水轻轻擦拭，经常如此，能让铁壶产生独特的光泽。

2.老铁壶的保养方法。如长时间没有使用铁壶，壶内部可能会有铁锈，可用丝瓜球加水不断擦拭，再用茶叶反复煮几次即可。壶身和壶底为防止生锈，可适当涂些植物油。

3.铁壶在日常使用时的保养。在使用后，要及时清洗，不要留下茶渍，以免腐蚀金属。在清洗时，不要使用化学类洗涤剂，这些化学物质有可能会与金属反应，造成金属腐蚀或生成对人体有害的物质。使用过后要及时晾干或烘干，放在通风的窗台晾干即可。

4.铁壶在存放时要避免和其他硬物发生碰撞，刮花及损坏表面都会影响收藏价值和美观效果。

挑选铁壶的方法

一般使用时间长的老铁壶内部都会生锈或有水垢，在选购时，如底部特别光洁、黝黑的话，得小心，很可能是用黑色化学物质填补让壶变得美观的，所以遇到这种情况，需谨慎购买。

在购买铁壶时，还要注意其密封性，密封性是否良好直接关系到泡茶品质的好坏。可以在铁壶口上，用一张纸巾放上去，旋转壶盖，如纸巾与壶盖松散则说明铁壶密封性不高，要谨慎购买。测试密封性是否良好是挑选铁壶很重要的方法之一。

铁壶也有新旧之分，旧铁壶如有损坏则价值是远远低于新壶的，但市场上很多不良商家为达到利益最大化，将旧铁壶稍加缝补后当作新壶价格出售，欺瞒消费者。所以消费者在购买时要学会区别新壶和旧壶。

　　购买老铁壶时要检查铁壶内外是否有破损，因老铁壶在长期使用后可能会有破洞，在检查时用手指轻轻弹壶身、壶底，如声音带有沉闷或叉音的话则需要小心，这把壶很可能就是有破损而填补过的，则不宜购买。

形态各异的铁壶

▼ 竹木茶具

竹木茶具是指使用竹子、木材等天然材质，经过机械或手工制造而成的饮茶用具，可以制作成茶杯、茶壶、杯垫、茶艺六君子、水盂等，但茶杯、茶壶的竹木制品已经很少见，目前市场上的竹木茶具多为辅助茶具。

竹木茶具的演变

在过去的中国饮茶史上，竹木茶具一直在农村地区扮演着重要的角色。隋唐以来，随着中国茶业的发展，饮茶逐渐流行。当时的饮茶器具虽然很多，但金银器等金属茶具价格昂贵，非王公贵族不能使用；陶、瓷茶具的数量虽然大大增多，但下层百姓仍然难以消费。因此，价格低廉的竹木茶具就成了民间的主要饮茶器具。

竹木茶具——现多做装饰用

在唐代陆羽《茶经·四之器》中所列的24种茶具，多数为竹木茶具。现代，因竹木材质易损坏、不易保存的缘故已经很少使用，只有茶荷、茶艺用品等不需要盛水的茶器还有使用竹木材质。现在也出现了一种竹编茶具，广受市场欢迎。

竹木茶具的特点

竹木茶具虽然已经很少作为主茶具使用，但像杯垫、茶艺六君子、茶盘等也有很多为竹木材质。

竹木茶具的特点归纳为以下几点：

一是竹木茶具所使用的材料易得，手工制作方便快捷，同时，泡茶后不易烫手。

二是用竹木茶具泡出的茶水无污染，对人体没有害处，使用放心。

三是竹木茶具尤其是竹编茶具，不仅色调和谐、美观大方，而且能保护内胎，减少茶具的损害。

另外，一些竹木茶具不仅具有实用价值，而且还有很高的欣赏价值。例如，黄阳木罐和二簧竹片茶罐，既是一种实用品，又是一种馈赠亲朋好友的艺术品。

竹木材质的杯垫

竹木材质的茶艺六君子

竹木材质的茶盘

竹木做成的茶盘、茶匙、茶荷、舀水器

竹木茶具的挑选

　　挑选竹木茶具时，首先要用手仔细抚摸茶器表面，感受是否有刺头或尖锐的地方。同时还要仔细观察茶具内外，看质地是否细腻光滑，最后还要看有没有存储不当而发霉等。如是储茶用具，还要检查密封性是否良好。

　　如果是品鉴雕刻工艺。竹木茶具上一般都会雕有不同的工艺品，这些都是使竹木茶具更有价值的因素。因此在选购过程中，必须仔细观看茶具的雕刻工艺是否精细，是否存在偷工减料的情况，以免上当受骗。

竹木茶具养护

注意环境：竹木茶具在存放时，要保持周围环境良好，过于潮湿环境会使茶具发霉、生虫等，而过于干燥环境又会使竹木茶具发生变形，特别是竹茶盘。同时要注意存放的地方是否有腐蚀气味等，这不利于竹木茶具的保存。

保持温度：竹木茶具在使用的过程中要注意避免冷热巨变。受骤冷骤热的影响，竹木茶具很容易发生爆裂现象，所以在使用时一定要注意。

太阳晾晒：长时间不用的竹木茶具在天气好的时候可以拿出来晒晒阳光，但忌长时间阳光暴晒，暴晒会使茶具变形。

及时清洗：竹木茶具和其他材质的茶具类似，在使用过程中要注意定期清洗保养。使用过后，要及时用清水擦洗干净，应避免留有茶渣、茶水在上面。清洗干净后要晾干处理，留待以后使用。

竹木材质的茶艺六君子　　　　竹木材质的茶盘　　　　竹木材质的茶洗

小常识

用竹木茶具泡茶对茶叶的色、香、味而言是有影响的，茶叶在冲泡的过程中会吸附竹子的味道，会降低茶叶的品质，但这样泡出来的茶汤也具有竹子的清香。

青竹茶，制作方法较为奇特，首先取一节碗口粗的鲜竹筒，一端削尖，插入地下，再向筒内加上泉水，当作煮茶器具。再用木柴烧竹筒。待筒内水煮沸时，加上适量茶叶，3分钟后，将煮好的茶汤倾入事先已削好的新竹罐内，便可饮用。泉水甘甜、青竹清香、茶叶浓醇三者融为一体，别有风味，久久难忘。

傣族的竹筒香茶，也是将鲜叶经锅炒、揉捻后装进嫩竹筒内，成品既有茶叶的茶香又有竹筒的竹香。

▼ 玻璃茶具

玻璃茶具是用含石英的砂子、石灰石、纯碱混合在高温下熔化成形，再冷却塑造而成。玻璃在古代被称为"琉璃"，实际为一种有色半透明的矿物质，在唐代，随着西方琉璃制品的传入，才开始生产琉璃制品，到了现代，随着玻璃工业的不断发展，玻璃茶具也得到很好的发展。

玻璃茶具历史

我国的玻璃技术虽然起步较早，但进展缓慢。玻璃茶具的发展过程大致可以分为三个阶段。

春秋至汉代，是中国玻璃制造的萌芽阶段。虽然当时已经用模制、镶嵌等制作工艺炼制出七种颜色的玻璃，但是器件很小、工艺粗糙。从已经出土的当时的器物来看，都是一些小件的礼器、佩饰等，做工粗糙、外形简单，并且没有出现玻璃茶具。

唐代到清代，玻璃技术和玻璃茶具得到了缓慢的发展。唐代是一个开放的社会，中外文化交流逐渐增多，西方的玻璃器传入中国，开启了中国烧制玻璃茶具的时代。陕西扶风法门寺地宫出土的由唐僖宗供奉的素面圈足淡黄色玻璃茶盏和素面淡黄色玻璃茶托，虽然造型原始，透明度低，但却是唐代中国玻璃茶具的代表，表明中国的玻璃茶具在唐代已经起步。自唐代后，玻璃茶具缓慢发展，宋代制造出了高铅玻璃器，元明时期出现了玻璃作坊，清代开设了宫廷玻璃厂。但这一时段，玻璃茶具还没有形成规模生产。

近代，随着玻璃工业的崛起，玻璃器皿有了较大的发展，玻璃茶具也很快兴起。这一时期的玻璃茶具质地良好、光泽夺目、透明性高且价格低廉，逐渐成为日常饮茶中最为常用的茶具之一，其中以玻璃茶杯最为常见。

近代玻璃茶具

玻璃茶具优劣

玻璃茶具泡茶的优势：因为玻璃质地透明、可塑性大，用玻璃制成的茶具形态各异、光泽夺目。用玻璃茶具泡茶，能直观地、清楚地观赏茶叶在杯中的沉浮的优美姿态，同时能一目了然地观察到茶汤的鲜艳色泽。用玻璃杯冲泡各种细嫩的名优茶，极富有品赏价值。

玻璃茶具因为可以批量生产，所以成本低，价格比其他茶具价格低，在各种商场和店铺都能购买到，因此广受茶人喜爱。

玻璃杯没有毛细孔的特性，不会吸收茶的味道，能让原味重现，且不挑茶，每种类型茶都能用玻璃杯泡，不会串味。玻璃茶具泡茶后清洗容易，味道不残留。

玻璃茶具泡茶的劣势：玻璃茶具质地较易碎，所以在泡茶过程中一不小心就有可能损坏。玻璃茶具比陶瓷、紫砂、金属等茶具烫手，刚泡好的茶汤倒进玻璃杯中不宜直接用手拿，这是美中不足之处。

玻璃茶具价格便宜，工艺性不强，所以艺术价值不高，没有收藏价值，本身也不具备观赏价值。

玻璃茶具泡茶能清晰地看见
茶叶在水中沉浮

玻璃茶具选购

优质的玻璃茶具泡出来的茶叶色、香、味、形俱全，且不会让茶汤看起来浑浊不清。同时，优质的玻璃制品安全性更高，不会轻易爆破开裂，而劣质的玻璃茶具很容易损坏，所以玻璃茶具也需要用心挑选。

购买场所

挑选玻璃茶具一定要选择正规的商家，如大型超市、商店等，路边小摊上的玻璃茶具要谨慎购买。选用合格的玻璃产品，最好选购高硼硅耐热玻璃制品。如要使用水晶玻璃茶具，挑选时应选择无铅水晶玻璃茶具。

玻璃厚度

仔细观察玻璃的厚度，厚度要求均匀。可将玻璃放置在阳光底下，优质的玻璃在阳光照射下非常通透，而劣质的玻璃在阳光下晦暗、不明亮。优质的玻璃茶具用手轻敲，声音会很脆。

松紧度

玻璃壶在选购时要检查壶盖与壶颈的松紧度，如壶盖和壶颈太松，则在使用时很容易发生脱落，损坏玻璃壶。

玻璃材质

优质的玻璃茶具是由纯正的材质制成，如材质不纯，在玻璃上会产生纹、泡、砂的瑕疵。"纹"指玻璃表面出现条纹；"泡"指玻璃出现小空洞；"砂"指玻璃内含有没有熔化的白色硅砂。这些瑕疵会影响玻璃的膨胀系数，甚至会稍有碰撞就发生开裂现象，甚至可能因温度过高有炸裂的情况发生。

玻璃茶具养护

玻璃茶具容易破碎，所以在使用和清洁保养时，应注意轻拿轻放，避免玻璃茶具之间的碰撞。玻璃茶具不耐火烤，也不能用沸水冲烫，使用时应注意水温不能太高，避免玻璃器具在高温下破碎。

玻璃茶具用久了以后，会在杯内壁出现茶垢，茶垢中含有镉、铅、汞等金属物质，它会随着饮茶进入人体，与食物中的蛋白质、维生素等产生反应，形成难溶物质，阻碍人体对营养的吸收，所以，要及时清洗茶具里的茶垢。外壁上的污垢大多是灰尘，可以用清水常常冲洗，内壁上经常会残留茶渍，不仅影响美观，而且对人的身体有害。因此，有饮茶习惯者，应经常及时地清洗茶具内壁的茶垢。可直接将茶具泡在稀释的醋、柠檬水中30分钟，即可光泽如新，也可用布蘸牙膏擦拭，细部变黑处，用软毛牙刷蘸醋、盐混合成的溶液轻拭即可。

▼ 漆器茶具

漆器茶具是指采割天然漆树液汁进行炼制的，在炼制过程中加入所需色料的，制成的成品绚丽夺目的一种茶具。比较著名的有北京雕漆茶具，福州、江西鄱阳等地生产的脱胎漆器等，均具有独特的艺术魅力。

漆器茶具的发展

漆器的发展可以追溯到距今约7000年前的浙江余姚河姆渡文化中，那时就已经发现了木胎漆碗。至夏商以后，漆制饮器就更多了。尽管如此，作为供饮食用的漆器，包括漆器茶具在内，在很长的历史发展时期中，直未曾形成规模生产，有关漆器的文字记载不多。直到清代，漆器茶具才崭露头角，脱胎漆的产生，更是促进了漆器茶具的发展。

当代，脱胎技术得到了继承和发展。脱胎漆茶具的制作精细复杂，先要按照茶具的设计要求，做成木胎或泥胎模型，上面需用夏布或绸料以生漆逐层裱上，再经过几道漆灰料，然后脱去模型，后再经填灰、上漆、打磨、装饰等多道工序，才能最终成为古朴典雅的脱胎漆茶具。福建生产的漆器茶具多姿多彩，如有"宝砂闪光""金丝玛瑙""仿古瓷""雕填"等均为脱胎漆茶具。

漆器茶具的特点

从外观上看，漆器茶具一般比较小，轻巧美观，外表色泽光亮，以黑色为主，也有黄棕、棕红、深绿等颜色，整体上给人一种绚丽夺目的感觉。

从材质上看，漆器茶具是由天然漆树的液汁炼制而成。因此，漆器茶具耐高温，在茶具本身冰冷的情况下也可直接注入茶水；不怕水浸，可以长时间将茶水贮存在茶具中；耐酸碱腐蚀，可以直接将其置于酸性清洗液中浸泡，以清理掉茶垢。

从价值上看，漆器茶具不仅具有实用价值，而且还有相当高的艺术欣赏价值。一些器具将书画等与之融为一体，饱含文化意蕴。尤其是福州生产的宝砂闪光""金丝玛瑙""釉变金丝""仿古瓷"等品种，外形美观，质地优良，常被鉴赏家收藏。

漆器茶具

漆器茶具的养护

在日常生活中，漆器茶具颇受人们喜爱。因此，为了使收藏的漆器茶具能够长久地保持原有的风采，应该对其进行有效的保养。漆器茶具的保养应注意以下四点。

第一，恒定的环境。漆器不适宜温度和湿度的剧烈变化，适宜放在温、湿度恒定的环境内。

第二，轻拿轻放。漆器茶具比较脆弱，在使用时要轻拿轻放，避免剧烈的震动，且不要将漆器茶具与其他坚硬、锐利的物体碰撞或摩擦，以免造成损伤。

第三，防止湿气影响。漆器茶具应该放置在距离地面较远的地方，以避免因吸收地面湿气导致茶具脱漆发霉。同时，阳光曝晒也会使漆器出现变形、断裂。

第四，注意防尘。如果漆器表面有灰尘沉淀，可用棉纱布擦拭，以保持清洁美观。

漆器茶具的选购

漆器茶具的种类很多，有犀皮漆器茶具、一色漆器茶具、描金漆器茶具、描漆漆器茶具、脱胎漆器茶具、雕填漆器茶具、款彩漆器茶具等。不同的漆器茶具有着不同的特点，因此，在选购时应根据所购买品种的不同进行挑选。

犀皮漆器茶具即在漆面做出高低不平的纹理，上面逐层涂饰不同色漆，最后磨平，形成一圈圈的色漆层次的漆器。此漆器最大的特色在于器物表面色圈的层次感，因此在购买时要仔细观看漆涂得是否平滑均匀，色圈是否分明。

一色漆器茶具即整个器物呈单一色彩，没有任何纹饰的漆器茶具。此类漆器茶具在购买时。应注意观察器物表面的光滑度和色泽的均匀度。若要购买整套茶具，还应注意整体上的色彩和光泽的和谐一致。

描金漆器茶具即器物表面用金色来作为主要描绘纹饰的漆器茶具。此类茶器购买时的重点应该放在金色的线条上，需观察金色的线条是否流畅，有无描色不均等现象。

描漆漆器茶具即用稠漆或漆灰堆出花纹的漆器茶具。此类茶具可从堆出的花纹、图案、造型等方面进行选购。若所堆出的花纹自然、图案清晰、造型别致，则说明是正品的描漆漆器茶具。

挑选漆器茶具要根据品种不同进行选择

脱胎漆器茶具即用生漆将丝绸、麻布等织物糊贴在泥土、木或石膏制成的内胎上，裱贴若干层后形成外胎，然后脱去内胎，取得中心空虚的外胎，再将外胎作为器物胎骨而制成的漆器茶具。在选购脱胎漆器茶具时，应注意质地是否轻巧，色泽是否自然和谐，造型是否别致。

▼ 其他茶具

中国的茶文化历史悠久、博大精深，饮茶用具也丰富多彩。除了以上论述到的茶具外，中国历史上还有用玉石、水晶、玛瑙等材料制作的茶具，但总的来说，这些茶具在中国茶具发展史上仅居次要地位。

搪瓷茶具

搪瓷起源于古埃及，元代时传入我国。明代景泰年间(1450 — 1456)创制了珐琅镶嵌工艺品景泰蓝搪瓷茶具。清代乾隆年间(1736 — 1795)，景泰蓝搪瓷茶具开始由皇宫传到民间，这也标志着我国搪瓷工业的开始。

进入20世纪，我国才真正开始大规模的生产搪瓷茶具，20世纪50年代开始在我国流行，至今仍然有很多人用它来饮茶。

搪瓷茶具是一种在金属表面附以珐琅层的茶具制品，多以钢铁、铝等为胚胎，涂上一层或数层珐琅浆，经干燥、烘烧烤制而成。搪瓷茶具的特点有：

搪瓷茶具种类较多，形态各异。有的仿瓷茶具洁白光亮、细腻圆润，与瓷器茶具不相上下；有的网眼花茶杯有网眼或彩色加网眼作修饰，而且层次明晰，具有比较强的艺术感；另外还有造型别致、重量轻便、做工精巧的蝶形茶杯与鼓形茶杯和用来盛放茶杯的彩色茶盘等。

搪瓷茶具具有一定的保温功能，并且不易碎、携带方便；质地坚固、耐于使用、图案清晰、不易腐蚀，使用铁作为材料制成，用来泡茶对人体没有危害。

但是搪瓷茶具也有明显的缺点，铁质的材料决定了它本身导热性快，容易烫手，也容易烫坏桌面。而且搪瓷茶具用久了或是不小心摔到地上，表层的瓷容易花掉，变得非常难看。

不锈钢茶具

不锈钢茶具是现代社会应用最多的一种茶具,其中以不锈钢的保温杯最为常见。虽然应用广泛,但是不锈钢茶具的泡茶效果极差。它虽然基本上不传热,不透气,保温性强,有利于携带和长时间储水,但是开水冲入后易将茶叶泡熟,茶叶变黄,茶味苦涩,完全失去了茶叶的原有味道。

不锈钢材质的茶具多为"随手泡"

石茶具

石茶具是指用鸡血石、寿山石、灵璧石等色泽纹理合适的天然石块精心刻制而成的,是一种工艺茶具。这种茶具不仅质地厚,保温性好,透气性强,不易变质,泡出的茶水味浓香醇,而且鲜艳的色彩和美妙的纹理使之具有很高的欣赏价值。但价格很高,很少有人使用。

玉瓷茶具

玉瓷茶具是添加功能材料、特殊烧制而自然形成的特殊瓷器。使用玉瓷茶具品茶可以使普通的水震荡成小分子水,使茶与水充分融合,茶水更香醇,还可以将体内代谢废物排出体外,提高水在人体的代谢力、渗透力和溶解力。但玉较贵,使用极少。

石茶具   玉瓷茶具

飘逸杯

飘逸杯又称为茶道杯，是台湾省一家茶叶企业设计制作，用来快速冲泡茶叶的便捷器皿。由玻璃外杯和PC内胆结合而成，内胆具有过滤作用。目前越来越多的人选择方便、快捷的飘逸杯来泡茶，实用性很高，适合忙碌又喜欢喝茶的人士使用。

飘逸杯优点

飘逸杯可以使茶汤、茶叶分离，手动或自动过滤，改善长时间浸泡，茶味苦涩的缺点，更多地保留茶味。飘逸杯具有携带方便、不易吸入异味、不容易摔坏的优点。

飘逸杯泡茶还能直观地看到茶汤浓淡，能有效控制。在清洗方面，只要将茶渣倒出，清水冲洗即可，且适合冲泡各种茶类，不会挑茶。

飘逸杯选购

在购买时，要试试水，观察出水是否流畅，出水是否干净等，检查按钮是否灵敏。

精美的飘逸杯

选购时一定要
检查按钮是否灵敏

储茶容器

说到茶叶的储藏，就不得不提到茶叶罐。市面上现有的茶叶罐种类繁多，有纸质茶叶罐、不锈钢茶叶罐、锡质茶叶罐、木质茶叶罐等。

锡质茶叶罐

市面上高端的茶叶罐以锡罐为主，性喜凉，且对人体无毒无害。密封性能佳，防光、防潮、防异味性能好，适合用来储藏比较名贵的茶叶。锡质茶叶罐的价格一般都比较高，但是对于储存茶叶来讲，是不错的。

选购锡质茶叶罐有以下几点需要注意。

（1）闻其声。用指甲由手心向外轻轻扫过锡罐，优质的锡罐会有清亮的金属声和短暂的回音。

（2）观其色。在选购时用观其色，纯锡的颜色如银，光泽亮度如镜，在抛光后优质的锡罐呈银亮色，貌似银器。

（3）辨其质。质是指锡罐的纯度，锡罐纯度越高，越经久耐用，装茶叶不但无害，还能够长期保鲜；而纯度低的锡罐，装茶叶易变质，也不耐用。在市面上进口的锡罐多标明纯度，国产的锡罐则大多不注明，一般来说产自于马来西亚、泰国、新加坡等地的锡罐纯度较高；

（4）赏其艺。锡罐的工艺多由其纯度决定，纯度较低的锡质地坚硬，适合机械加工，加工出来的锡罐浮雕效果明显，但其密封性较差，因此锡罐一般都采用内外两层设计。纯度高的锡质地较软，手工制作居多，出产的锡罐具有较高水平雕刻和镂空工艺，其密封性好，茶叶罐仅需使用一个外盖即可达到效果，你常常可以发现用力盖时会反弹回来，便是这个缘故。

锡质茶叶罐

陶瓷茶叶罐

陶瓷茶叶罐

陶土透气防湿，再加上窑烧，且没有任何化学添加，使得这种器皿绝对天然纯粹。因为其材质透气，储藏在罐里的茶叶可以与外界的空气交流，所以陶罐更适合需要后期产生变化的茶，也特别适合老乌龙或普洱的醒茶。密封性能一般，防光、防潮性能好。缺点是不耐用，存放不善则有摔碎的危险。更适合把玩观赏。

选购要点：在选购时要检查密封性是否良好，仔细检查是否有裂口、裂纹。轻轻敲击瓷罐，优质的瓷罐会发出清脆、响亮、悦耳的声音，而质量较差的则声音低沉。

铁质茶叶罐

密封性能一般，防光性能较好，但防潮性能较差，时间长了，还有可能生锈。不适宜存放名贵茶叶。

选购要点：在选购时要检查密封性是否良好，仔细内部和外部检查是否有锈斑，是否有金属异味等。

铁质茶叶罐

◎ 紫砂茶叶罐

由于紫砂的材质呈双重气孔结构，是多孔性材料，所以用紫砂泥制作的茶叶罐透气性能好，用来存放茶叶，能保持茶叶新鲜，并可将茶叶中的异杂味消解挥发，使茶叶变得香醇可口，色泽如新。

紫砂茶叶罐

纸质茶叶罐

◎ 纸质茶叶罐

密封性能一般，价格低廉，适合大众家庭使用。不宜用这种茶叶罐存放较名贵的茶。盛放茶叶后，要尽快饮完，不适宜长时间的保存。

选购要点：检查是否破损，是否有异味。

木质茶叶罐

不锈钢茶叶罐

◎ 木质茶叶罐

密封性能较好，价格适中，适合一般储存茶叶使用，防潮、防腐性较差，易发霉变质，不具有欣赏和收藏价值。

选购要点：检查密封性是否良好，嗅闻茶叶罐内是否有异味，同时还要检查器外观是否平滑。

◎ 不锈钢茶叶罐

密封性能较好，价格中档，防潮、防光性能较好，适合家庭储藏普通的茶叶。

选购要点：在选购时要检查密封性是否良好，外观是否有挤压变形。

综上所述，对茶叶保鲜程度最高的是锡质茶叶罐，锡具有无毒、防潮的显著特点，所以最适合作为茶叶罐的首选。从美观的角度来看，陶瓷茶叶罐具有装饰性，居家放置不错。从价格的角度来看，玻璃茶叶罐价格较低，且透明易查看，所以玻璃罐也不错。从耐用的角度来看，不锈钢茶叶罐是最耐摔的。

水为
茶之母

　　茶叶是饮品，它的香气、口感、色泽的好坏，必须通过用水冲泡或煮煎来品尝鉴定，因此水之于茶，是非常重要的。而茶、水、器构成茶叶的基本要素，好茶需用佳水泡，而水的优劣很大程度上决定茶汤的优劣。古人云："茶兹于水，水籍乎器"，茶、水、器三者密不可分。

🌀 选水候汤

　　"上善若水。水善利万物而不争，处众人之所恶，故几于道。"——出自老子的《道德经》。老子认为水集合了中国人歌颂的一切美德，与茶一样，都是至善、至洁、至纯之物。好水利于万物生长，茶——自然也离不开好水。

　　最早论及煎茶用水的是唐代茶圣陆羽，其在《茶经·五之煮》中评述了水的重要性。陆羽曾在他的《六羡歌》中说道："不羡黄金罍，不羡白玉杯。不羡朝入省，不羡暮入台。千羡万羡西江水，曾向竟陵城下来。"其不羡慕荣华富贵，只念念不忘那故乡的西江水，说明他对煮茶用水的重视。在后一篇《茶经·七之饮》中把择水列为茶的"九难"之一，并在《茶经·五之煮》中对水做出概况道："其水，用山水上，江水中，井水下。"即煮茶用水以山水为佳品，江水次之，井水最差。在山水中又推崇水流较为缓慢的乳泉和石池水，在山中取泉水时，要选择在白色石隙中涌出来的泉水，而水出源头时，又要有石池盖之，再用从石池徐徐流出来的水最好，而江水则要取远离民住的地方，井水则要取人们常常取用来生活的井水。如果是不流动的死水，即使再清冷，也不能饮用。

　　明代张大复曾在《梅花草堂笔谈》中说道："茶性必发于水，八分之茶遇水十分，茶亦十分矣；八分之水试非常之茶，茶只八分耳。"他认为水的重要性大于茶，"八分"的茶遇到上等水亦可泡出"十分"的好茶，反之则不然。

　　明代张源也在其《茶录》中说道："茶者，水之神；水者，茶之体。非真水莫显其神，非精茶曷窥其体。"他认为茶是灵魂，水是身体，如果水不是"真水"则很难展现出茶的"神韵"来。

　　我国古代关于煮茶用水的专著有很多，如唐代张又新的《煎茶水记》、宋代欧阳修的《大明水记》、明代田艺蘅的《煮泉小品》、清代汤蠹仙的《泉谱》。

清泉佳水有利于诱发茶性

▼ 张又新的《煎茶水记》

　　《煎茶水记》成于公元825年，撰写者为张又新。《煎茶水记》是继陆羽《茶经》之后唐代又一部重要的茶道研究著作。全书共九百余字，内容是根据陆羽《茶经》的五之煮延伸而来，主要说的是煮茶用水的选择。

　　张又新，字孔昭，今河北深州人，为唐代诗人、政治家，在考试中曾经连中三元，即考上"解元""会元"和"状元"。张又新名列"八关十六子"之中，曾担任江州刺史、左司郎中等，善写诗文，除了《煎茶水记》外，还著有《唐才子传》等。

▼ 田艺蘅的《煮泉小品》

　　《煮泉小品》由田艺蘅撰写于明朝嘉靖三十三年（公元1554年），全书共分为源泉、石流、清寒、甘香、宜茶、灵水、异泉、江水、井水、绪谈、跋这些部分，书中主要品评了天下的泉水，既总结继承前人的成果，又结合作者自己的认知，内容宏大高深，构思全面而清楚。

　　田艺蘅，字子艺，浙江钱塘人，为明代文学家，为人高旷磊落，喜好饮酒饮茶，主要作品有《大明同文集》《留青日札》《煮酒小品》《老子指玄》《田子艺集》等。

活泉佳水

古人对于水的选择，归结出佳水的四字标准为"清、轻、活、冽"。而"清、轻、活"说的是水质，"冽"说的是水味，后人在水味中加上了"甘"的评判标准。

水质要求清、轻、活。清——即要求用水水质清澈透明、无悬浮杂物，要做到澄之无垢，搅之不浊，是对用水的最基本要求。明代田艺蘅说水之清时用到："朗也，静也，澄水之貌"这样的字句，并将"清明不淆"的水称为"灵水"。水不洁净则煮出来的茶汤混浊，难以入人喉，水要清洁无杂质才能显出茶色。轻——轻是相对于重而言的，好水质地轻，浮于上，劣水质地重，沉于下。古人所言水之轻重与现代人所说的软水、硬水有异曲同工之妙。软水冲泡，茶叶色、香、味俱全；硬水泡茶，茶叶色、香、味俱减。活——水贵在鲜活。有源头有流动的水为活水，静止的水为死水。

水味要求甘、冽。自然界中的水，有甘甜和苦涩之分，泡茶用水要求甘，是指水含在口中要有甘甜感，无苦味和咸味；冽是指水含在口中有清冷感，清代屠隆曾说"凡水泉不甘，能损茶味"，即煮茶用水如果不甘冽则会影响茶叶的滋味。

清冽的江水也可以用来冲泡茶叶

▼ 中国的活泉佳水

中国的活泉佳水自古以来就为世人所称道，如济南的趵突泉、庐山的谷帘泉、江苏金山寺的中泠泉、北京西郊的玉泉等。

趵突泉位于济南旧城址的西南角上。具说当年乾隆皇帝南巡至济南，看到趵突泉三泉喷涌、气势如虹的壮丽景观，并品饮泉水后，认为趵突泉泉水清冽甘美，遂将"第一泉"的美名封给济南趵突泉。

谷帘泉位于庐山主峰康王谷中。谷帘泉因其清澈晶莹、水质甘美而被陆羽评定为"天下第一泉"。宋代学者王禹偁在品饮谷帘泉水之后，写下《谷帘泉序》，并说谷帘泉泉水："其味不败，取茶煮之，浮云散雪之状，与井泉绝殊。"

中泠泉又称为南泠泉，位于江苏金山寺外。中泠泉因其水甘冽醇厚，唐代评水大家刘伯刍将中泠泉列为七水之首。俗语有"扬子江心水，蒙山顶上茶"，用中泠泉水冲泡蒙山顶上出的茶叶为最佳。

玉泉位于北京西郊的玉泉山上。据传，当年乾隆皇帝为验证玉泉水的水质，特地制作一个银质量斗，将全国名泉水样称量，结果玉泉最轻，于是被钦命为"天下第一泉"。

养水

▼ 养水泡茶的方法

1.以石头养水。在贮水器中放入白石、活性炭等循环装置，让自来水在贮水器中循环过滤，既能养水味，又能澄清水中杂质。使用时，轻取上层水用，底部的水不宜使用。水用后要及时补充，以便下次使用。

2.用贮水器自然沉淀。在家中准备一个较大贮水器，将自来水贮放在容器中，不盖盖子或不盖严实，让氯气自然挥发，杂质在贮水器中自然沉淀，静置约24小时，水就能用于泡茶。在取水时不要将水全部用完，底部水留有沉淀物，不宜饮用。

3.用过滤器过滤水来泡茶。前两种方法都受到时间的限制，最快捷、有效的方法是使用过滤器过滤，准备一个清水过滤器，能快速且有效排除水中杂质，效果较好，适合规模大的场所使用。使用过滤器过滤水，要注意每隔一段时间将过滤器拿下来清洗，否则长时间后过滤效果不明显。

有条件的话还可以用铁壶煮水，铁壶煮出来的水中含有二价铁离子，更适合人们饮用。铁壶煮水不足的地方是容量小，不能满足多人使用，不适合在大场合使用，且不容易清洗，生锈的可能性较大，所以在使用后，要及时晾干处理。同时，好的铁壶价格较高，普通家庭不建议使用。

准备一个水缸，就可以用石头养水了

小常识

煮水泡茶，要注意水的"三沸"，煮水可用煤气、天然气、酒精、电磁炉，泡茶煮水应"猛火急烧"，忌"文火久沸"。煮水时需要主要以下几点：煤气、炭煮水时需要注意通风，以免让燃烧的烟气异味影响茶的香味；需保持煮水器具的日常清洁，以免杂质污染水质；猛火煮沸后，需立即离火。

▼ 软水

现代科学认为，软水是指不含或少含可溶性钙、镁化合物的水，软水不易与肥皂产生浮渣，天然软水有天然矿泉水、山泉水、冰川雪水、江水、河水、淡湖水等。用软水泡茶，具有泉水的口感，茶汤品质更佳。将硬水煮沸，能暂时将硬水转化为软水。

▼ 硬水

硬水是指含有较多可溶性钙、镁化合物的水，据研究表明，硬水对人体不产生直接危害，反而硬水中含有人体所需的矿物质成分，是人们补充钙、镁物质的一个渠道。但硬水在生活中还是会造成不少麻烦，比如器皿煮水后，会有水垢等，用清洁剂或肥皂清洗效果不明显。

小常识

区别软水和硬水的方法

取等量水样在杯子中，向两只杯子滴入等量的肥皂水，泡沫少、浮渣多的为硬水；泡沫多、浮渣少的为软水。

在干净的玻璃上，不同位置滴等量的水样，让其慢慢蒸发，蒸发完后，白色残留物较多的为硬水，没有或很少的为软水。

取两个小烧杯，放在酒精炉上加热，在杯壁上留有较多的水垢的为硬水，不留或很少的则为软水。

择水

▼ 日常饮用水比较

古人泡茶以山泉水、江河水、井水、露水、雨水、雪水为佳，风雅又蕴含妙趣。到了现代，由于环境污染，大部分自然的馈赠之水已不能直接用来饮用，于茶而言，水差三分则味少六分，所以择水是泡出好茶的关键！

现在，我们常用的泡茶用水主要有：自来水、纯净水以及矿泉水，三种水的优劣一起来探讨一下吧！

自来水

一般都是经过人工净化、消毒处理过的江水或湖水。达到卫生标准的饮用水都可以用来泡茶，但部分自来水中会用过量氯化物消毒，气味较重，用来泡茶会严重影响茶汤品质。所以，家用自来水泡茶，宜先将自来水储存在容器中，静置24小时左右，待氯气挥发，即可用来煮沸泡茶。

纯净水

指的是不含杂质或细菌的水，通过电渗析器法、离子交换器法、反渗透法、蒸馏法及其他适当的加工法制得而成。纯净水的酸碱度为中性，泡茶具有净度好、透明度高，茶汤晶莹澄澈的特点。只要符合国家标准，大多数纯净水都宜用作泡茶。

矿泉水

从科学角度来说，矿泉水并不适合泡茶，因为矿泉水中一般含钙、镁等元素较多，在常温下，钙、镁等呈离子状态，易被人体吸收，但煮沸后，矿物质易生成水垢析出，影响茶的品质，但相较于自来水，矿泉水稍适宜泡茶。但市面上矿泉水种类繁多，品质参差不齐，选择时需注意成分。

综上，考虑到水的安全性、取水的方便度，以及发挥茶味的适宜度，日常用水中适宜泡茶的顺序为纯净水＞矿泉水＞自来水。

▼ 泡茶水温

水温是泡茶四要素之一，不同的茶类在冲泡时，选用的水温是不一样的，因为每种茶原料的老嫩程度不同，嫩芽用高温水泡，容易闷黄，而老叶用低温水冲泡则泡不出味道。

绿茶

绿茶一般芽叶细嫩，制成的成品茶纤细，很多细嫩的名优绿茶，如龙井、黄山毛峰、碧螺春等，适宜泡茶水温在85℃左右，忌直接用滚沸水冲泡。

黄茶

黄茶原料芽叶适中，条索较紧结，属于轻发酵茶，所以泡茶水温也不宜过高，黄茶宜用80℃~85℃水冲泡。

红茶

红茶适宜冲泡水温在95℃以上。诸如川红、滇红、祁红等可以用沸水冲泡，像金骏眉等采摘茶树单芽的，温度可以稍低一些。

黑茶

普洱茶冲泡水温要用100℃的沸水，粗老的紧压茶需要煎煮才能将内含物质提取出来。

白茶

白茶泡茶水温也不宜过高，在90℃左右即可。温度太高容易闷坏茶叶，太低则白茶中的内含物质浸出时间加长。

青茶

青茶宜用95℃以上水冲泡。青茶原料比绿茶原料要老些，且茶叶条索紧结，所以要用95℃以上的水冲泡。

茉莉花茶

高档茉莉花茶宜用80℃~90℃水冲泡，中档茉莉花茶宜用接近100℃水冲泡。

第三章

识绿茶，品佳茗

绿茶是我国主要茶类之一，其制作工艺是先采取茶树鲜叶，无须发酵，一般经过杀青、揉捻、干燥三道工艺。

杀青是绿茶加工的第一道工艺，也是形成绿茶品质的关键工艺。杀青利用高温，钝化鲜叶中酶的活性，丧失部分水分，使叶片变软，有"高温杀青、先高后低；老叶嫩杀、嫩叶老杀；抛闷结合、多抛少闷"的加工原则。

揉捻是绿茶塑形的工序，揉捻破坏了鲜叶组织，让茶汁渗出，使茶叶卷曲成条。

干燥的目的是蒸发水分并整理外形，有利于茶叶的保存。

绿茶杀青工序（手工）

采摘的绿茶鲜叶（手工）

绿茶揉捻工序（手工）

绿茶分类

　　绿茶一直以来深受人们的喜爱，是人们公认的健康饮品。想要认识绿茶就要从其基本的分类开始，绿茶由于加工工艺和原料的嫩度的差异，其形成的品质特征也有很大差异。根据杀青和干燥方式的不同，绿茶可分为炒青、烘青、晒青、蒸青。

❧ 炒青绿茶

　　炒青绿茶是指在茶叶的干燥主要以炒为主，在炒青绿茶中，由于使用的机械或手工方法不同，又分为长炒青、圆炒青、扁炒青和特种炒青四大类。炒青绿茶一般都具有香气浓郁、滋味浓醇的品质特征。

长炒青　　长炒青的外形要求条索紧结，有峰苗，色泽绿而有光润，滋味浓而鲜爽，叶底嫩绿明亮。常见的品种有屯绿、婺绿、舒绿、杭绿、遂绿、芜绿、湘绿、温绿等，在外形上各有其特点，内在品质特征也各不相同。

圆炒青　　圆炒青的外形要求颗粒圆紧，色泽光润。圆炒青根据产地和采制方法的不同，又可以分为平炒青、涌溪火青和泉岗辉白。常见的品种有涌溪火青，其产于安徽的泾县，外形如绿豆，色泽墨绿光润，香气高淳，滋味醇厚，叶底匀整。

扁炒青　　扁炒青的外形要求扁平挺直，在历史上，因产地和制法的不同，扁炒青主要可分为龙井、旗枪和大方，旗枪在20世纪改制生产龙井茶，所以旗枪茶产品比较少见，龙井茶以杭州西湖产最为出名。

特种炒青　　特种炒青是指除以上炒青之外的炒青绿茶，这些特种炒青造型各异、香气高爽、滋味甘甜、叶底匀整。常见的品种有南京雨花茶、洞庭碧螺春、安化松针、休宁松萝、信阳毛尖等。

烘青绿茶

　　烘青绿茶是指在初步加工的过程中，其干燥方式主要以烘为主，其滋味较鲜爽，香气不如炒青浓郁，按其原料嫩度不同，可分为大宗烘青和特种烘青，大宗烘青一般不进入市场直接销售，特种烘青包括有黄山毛峰、太平猴魁、六安瓜片等。

烘炒结合型绿茶

　　烘炒结合型绿茶是指在茶叶初加工过程中，干燥工序有炒有烘，目前新创制的名优绿茶多采用这种干燥方式，其外形既有炒青的紧结、又有烘青的完整，滋味也具有鲜爽度，比较著名的烘炒结合型绿茶主要有惠明茶、瀑布仙茗茶、羊岩勾青等。

蒸青绿茶

　　蒸青绿茶是指在初步加工的过程中，采用蒸气杀青的方式破坏鲜叶酶活性，达到杀青的目的，我国在明朝将蒸青改名为锅炒杀青，在唐代该项技术传至日本，使日本成为目前主要的蒸青绿茶生产国。

晒青绿茶

　　晒青绿茶是指茶叶在初加工的过程中，干燥程序主要以晒干为主，形成的茶叶品质香气较高、滋味醇厚。晒青绿茶原料以云南大叶种为好，称为"滇青"，滇青外形条索粗壮，显白毫，收敛性强、叶底肥厚。

烘青绿茶

烘青绿茶

烘炒结合型绿茶

烘炒结合型绿茶

蒸青绿茶

晒青绿茶

绿茶问答

☙ 安吉白茶是白茶吗

安吉白茶因为独特的口感越来越受到市场欢迎，而很多人都认为安吉白茶是白茶。安吉白茶虽然茶名中有个"白"字，但它并不是白茶，而是绿茶。

安吉白茶是比较特殊的茶类，它主要根据绿茶的制茶工艺制作而成，因此，按照制茶工艺，可以将安吉白茶归为绿茶。

安吉白茶名字的由来：它是一种特殊的白叶茶品种，色白也是由品种而来，它既是茶树的珍稀品种，也是茶叶的名贵品名，虽然它称为安吉白茶，但它却与传统的白茶不一样，因此，可以确定安吉白茶是绿茶。

安吉白茶树

浙江安吉县的茶树产"白叶"的时间是很短的，仅有一个月的时间。春季，茶树因叶绿色缺失，在清明前后长出的嫩芽是白色的，到了谷雨，白色变浅，转变呈玉白色，雨后至夏至前，变成白绿相间，夏至后，芽叶全部转为绿色，与其他茶树无差别。安吉白茶就是在芽叶是白色的时候采摘、加工制作而成，所以安吉白茶弥足珍贵。

☙ 什么是"拉老火"

明代许次纾在《茶录》中曾提到"天下名山，必产灵草，江南地暖，故独宜茶。大江以北，则称六安"，六安所产的瓜片茶是绿茶中重要的代表品种。其制作过程中所发明的拉老火技术是中国茶叶烘焙技术的"一绝"。

拉老火是六安瓜片的最后一次烘焙，对瓜片的香气影响重大。拉老火采用木炭烘干，且明火快烘，烘时两人抬烘笼，在炭火上2~3秒后马上抬下进行翻叶，把发烫的茶叶轻轻

拉老火

翻动，然后再次抬上烘烤，周而复始，轮流进行。每笼茶叶一般要被抬上抬下烘烤达120~160次。曾有人形象的用"火光冲天、热浪滚滚、抬上抬下、以火攻茶"来形容六安瓜片的拉老火，也是一道引人入胜的景观。

干茶和茶汤均为绿色也不一定是绿茶

在国外市场上，很多消费者对绿茶的认识不多，以为绿色的茶就是绿茶，甚至很多国内的消费者对于干茶和茶汤均为绿色是否就是绿茶产生疑惑。

其实绿茶是指采摘茶树鲜叶，经过杀青、揉捻、干燥等典型工艺制作而成的产品，因为没有经过发酵，所以很好地保留了鲜叶绿色的主色调，形成"绿汤绿叶"的独特品质，所以称之为绿茶，但是反过来说干茶和茶汤均为绿色就是绿茶，这种说法是不科学、不全面的，因为现在流行的苦丁茶、铁观音、台湾包种茶，这种轻发酵、轻焙火的茶，其干茶和茶汤也是以绿色为主要色调，但是从茶叶分类上则属于青茶。

苦丁茶也是绿汤绿叶

西湖龙井贵在哪里

西湖龙井产于中国杭州西湖而得名，是中国十大名茶之首。龙井即是地名，也是泉名和茶名。

龙井之"贵"，一在于时间，二在于地点。

"玉髓晨烹谷雨前，春茶此品最新鲜"清明前采摘的龙井称为明前龙井，被誉为"女儿红"，清明后到谷雨前采摘的龙井称为雨前龙井。明前茶价格更高。但明前和雨前的龙井各有拥簇，南方人较推崇明前龙井，而北方人则喜欢浓郁的雨前茶。

杭州的龙井茶可以分为西湖龙井、钱塘龙井、浙江龙井和其他龙井。西湖龙井是指在杭州西湖产区范围内的龙井茶，主要的核心产区是狮峰、翁家山、虎跑、梅家坞、云栖等，这里的气候、温度、土壤等让龙井茶口感比其他产区更加丰富。但核心产区的龙井茶叶产量少，自古以来就只有少部分人能喝到，市场上出售的基本不是核心产区的西湖龙井。

钱塘龙井是杭州内西湖茶区的外延，比如富阳、建德、萧山、余杭等，钱塘龙井虽然是西湖龙井的延伸，但是外形和口感与西湖龙井还是有一定差距。原因主要在于制作的技艺，钱塘龙井的制作技术传自于西湖龙井，但在传的过程中会因为习惯和风俗，发生变化。还有一个原因是钱塘龙井的生长环境和西湖龙井不同，西湖被称为杭州的"肺"，这里的空气质量是钱塘地区没有，对茶树本身的影响也很大。

浙江龙井指的是浙江境内的龙井茶，包括温州、金华、绍兴、丽水等，这些地方的龙井因为茶树生活环境不同，各有特色又相对混乱，很多会做拼配茶出产。

其他龙井是指除浙江省外其他地方产的龙井，比如山东很多地方就引进龙井43号（龙井的茶树品种），模仿龙井茶的炒制，在市场上也得到认可。

太平猴魁的捏尖、布尖、理尖与普尖谁优谁劣

很多人去购买太平猴魁时，常常听到说捏尖、理尖等词汇，这些词汇所代表的含义，其实是猴魁的制作工艺。

现在猴魁工艺主要分为四类，分别是捏尖工艺、布尖工艺、理尖工艺和普尖工艺。

捏尖工艺的制作流程是人工手炒杀青、茶工技（擅长茶叶制作的茶农）手捏成形、碾压轮轻度碾压到烘箱干燥。因为其猴魁鲜叶嫩度高、芽叶肥厚、茶汁流失少，所以捏尖干茶自然扁直，香气清高仙灵，具有兰花香，滋味鲜爽醇厚、回甘爽口。

布尖工艺的制作流程是拉拉机杀青、人工排放理直、盖湿布重度碾压、烘箱干燥。布尖工艺是传统毛峰制作工艺的仿制技术。其整形过程是针对茶叶市场对猴魁扁、直、大的观念而注重外形的塑造，使用了重度碾压，让茶叶更加扁直。因为重度碾压，所以成品茶直且薄如蝉翼，内涵品质不及理尖和捏尖。

理尖工艺的制作流程是拉拉机杀青、人工排放理直、碾压轮轻度碾压、烘箱干燥。理尖工艺视为增加人工整形的成本而采取的工艺。因为采摘时间要比捏尖工艺要迟，茶叶成本比捏尖低。制作出来的猴魁外观没有捏尖成形的好，滋味鲜香醇厚，香气较为低沉。

普尖技术的制作流程是下锅杀青、锅中理条、轻度碾压、烘箱干燥。普尖主要是因为后期的茶树鲜叶嫩度降低，不适合制作捏尖，且这种鲜叶制作的成品茶价格要低，所以也就无法负担前期的人工塑形，因此在制作的过程中减少了人工成本。普尖的重实感不如捏尖，茶叶香气清香但欠鲜灵，滋味醇厚但鲜爽度低。普尖与理尖的对比上主要看鲜叶的嫩度。嫩度高的鲜叶制作出来的理尖优于嫩度低的鲜叶制作的普尖，相同嫩度的鲜叶制作出来的普尖要优于理尖。普尖与理尖一样，因为没有重度碾压塑形，所以较好地保留了茶叶的内质，也是较好的大众猴魁。

| 捏尖 | 布尖 | 理尖 | 普尖 |

绿茶茶艺

绿茶是历史上最早的茶类，距今已有几千年的悠久历史。绿茶芽叶细嫩，适合用玻璃茶具或瓷器茶具冲泡。玻璃茶具冲泡绿茶可以近距离欣赏细嫩的芽叶在水中的舞姿，瓷器茶具冲泡绿茶可以直观地显示茶叶汤色。

❧ 中投法冲泡西湖龙井

备器：准备茶具和茶叶，同时将纯净水烧沸，凉至80℃~85℃备用。

赏茶：取适量干茶置于茶荷，欣赏其外形、色泽、香味。

温杯：向玻璃杯中倒入适量热水进行温杯。

弃水：将温杯用水弃入水盂。

注水：双手持随手泡，低斟高冲注水，水量为玻璃杯容积的1/3。

投茶：用茶匙将茶叶拨入玻璃杯中。

冲泡技巧提示

弃水的时，不是直接将温杯的水一股脑倒进水盂中，而是慢慢地旋转杯身，借倒水再次让杯身预热，可以双手共同搓揉，也可以一手旋转，一手扶住杯底。

小常识

西湖龙井产自杭州西湖。这里四季分明，气候宜人，所产的产芽叶细嫩，所以在冲泡时，一定要注意水温，水温控制在80℃~85℃最佳，太低则不能将西湖龙井内含物质泡出。

知识链接

    西湖龙井茶历史悠久，在唐代陆羽所撰写的世界上第一部茶叶专著《茶经》中就提到杭州产茶记载，西湖龙井在明代被列为上品，清顺治列为贡品。

    西湖龙井外形嫩叶包芽、扁平挺直，光滑匀称，白毫稍显，色泽翠绿。香高持久，汤色清澈，滋味甘醇。

摇香：轻轻晃动杯身，目的是让茶叶与水冲泡接触，散发香气。　　注水：高冲注水，让茶叶在水中起浮。　　品饮：1～2分钟后即可品饮。

◐ 上投法冲泡竹叶青

赏茶：取适量竹叶青干茶置于茶荷，欣赏其外形、色泽。

温杯：向玻璃杯中倒入适量热水进行温杯。

弃水：温烫杯身后将温杯用水弃入水盂。

注水：将事先凉好至80℃~85℃的水倒入玻璃杯中。

投茶：因竹叶青乃上等细嫩的绿茶，所以这里选用上投法冲泡。

品饮：约1~2分钟后即可品饮。

冲泡技巧提示

竹叶青外形扁平挺直，适合用玻璃杯直接冲泡，最好选用无装饰、无花纹的玻璃杯冲泡。

一般泡茶的水都是刚烧开的沸水，但是如果用沸水冲泡绿茶特别是细嫩的名优绿茶在注入沸水的那一刻，茶叶的香气、滋味都会因水温太高而发生变化，所以无论是茶艺表演还是自家享用，都需要待水温降一降再使用。

小常识

对名优竹叶青茶的冲泡，一般视茶的松紧程度，采用两种投茶法。较紧接的用上投法，较松散的用中投法。普通竹叶青采用下投法。

🌀 下投法冲泡太平猴魁

备器：准备玻璃杯、取出干茶入茶荷中。

赏茶：取适量太平猴魁干茶置于茶荷，欣赏其外形、色泽。

注水：向玻璃杯中倒入适量热水进行温杯。

温杯：左手四指拖住杯底，右手握住杯身，旋转玻璃杯进行温杯。

弃水：将温杯用水弃入水盂。

投茶：将茶荷中茶叶用茶夹慢慢夹入玻璃杯中。

冲泡技巧提示

在冲泡太平猴魁时，可用凤凰三点头进行注水，这样就能欣赏猴魁在水中沉浮。

凤凰三点头是一种泡茶过程中的注水手法，具体的操作是先将随手泡的壶嘴放在靠近玻璃杯口的地方，然后向上拉至较高的位置，最后回到靠近杯口处，反复三次。

凤凰三点头在操作时，轻提手腕，手肘与手腕持平，便能使手腕活动有余地。所谓水声三响三轻、水线三粗三细、水流三高三低、壶流三起三落都是靠活动手腕来完成。至于手腕活动之中还需有控制力，才能达到同响同轻、同粗同细、同高同低、同起同落而显示手法精到。最终才会看到每碗茶汤完全一致。

小常识

猴魁干茶较长，适合用长的玻璃杯冲泡，盖碗、紫砂壶、玻璃壶等都不适合冲泡猴魁茶。

用玻璃杯冲泡太平猴魁因为要用到茶夹，这时要注意茶夹的使用，茶夹拿捏一定要熟练，不熟练的话一不小心就会在夹取茶叶时脱落，所以除了前期的练习外，在冲泡前还需要检查茶具是否齐全。

注水：将85℃～90℃热水注入 品饮：约1～2分钟后即可品饮。
杯中至七分满。

知识链接

清代咸丰年间，猴魁先祖郑守庆就在黄山一代开辟茶园，经过精心研制出来具有兰花香的"尖茶"，冠名为"太平尖茶"，是太平猴魁的前身，1900年创制的太平猴魁是中国历史名茶。有"猴魁两头尖，不散不翘不卷边"之称，并获得过诸多荣誉。

太平猴魁外形平展、挺直。汤色清绿明净，香气高爽持久，滋味鲜醇回甜。叶底芽叶肥壮、嫩绿明亮。

❧ 玻璃壶冲泡六安瓜片

备器：准备玻璃壶、玻璃杯、取出干茶入茶荷中。

赏茶：取适量六安瓜片干茶置于茶荷，欣赏其外形、色泽。

温壶：向玻璃壶中倒入适量热水进行温壶。

温杯：将温壶的水低斟入玻璃杯中。

投茶：将玻璃壶中的水倒入杯中，温杯，再将茶荷中茶叶用茶匙缓缓拨入玻璃壶中。

注水：将80℃～85℃热水注入壶中，水不宜过多，以刚好是两个杯子的容量为宜。

弃水：将温杯的水弃入水盂中。

观色：浸泡1～2分钟后，举杯观看茶汤色泽。

品饮：最后品饮茶汤。

冲泡技巧提示

　　如今用到的玻璃壶一般都带有过滤网，所以在温壶时要将滤网一同用开水温润，且玻璃壶一般体积较大，单手操作比较容易出错，所以在表演茶艺时，最后双手持壶，动作要自然、得体。

小常识

　　用玻璃壶出汤时，要双手持壶，以防壶盖滑落，同时要低斟入玻璃品茗杯中，以杯容量的七分满为宜。

知识链接

六安瓜片因为独特的制作工艺，形成了容易辨别的外形，其外形平展，单片顺直匀整，形似瓜子。在投茶时既可以用茶夹也可以用茶匙。使用茶匙或茶夹，则动作一定要轻，避免将六安瓜片夹碎。六安瓜片的汤色碧绿清澈，香气高长，滋味鲜醇回甘。叶底黄绿匀亮。

玻璃壶冲泡安吉白茶

备器：准备玻璃壶、玻璃品茗杯等茶具。

赏茶：取适量安吉白茶干茶置于茶荷，欣赏其外形、色泽。

温壶：向玻璃杯中倒入适量沸水温壶。

温杯：将温壶的水直接倒入杯中。

投茶：用茶匙将茶荷内茶叶缓缓拨入壶中。

注水：双手持随手泡，低斟高冲注水。

弃水：当壶内在冲泡茶叶时，将温杯的水直接将水弃入水盂。

出汤：1~2分钟后即可出汤，低斟入品茗杯中。

品饮：举杯邀客品饮。

冲泡技巧提示

在温壶时，需要拿随手泡，为凸显茶艺的动作美，拿时用"孔雀开屏"的手势，即在伸手去拿随手泡时，拇指同其余四指分开，四指轻轻并拢，有一个旋转的姿势伸向随手泡，如同"孔雀开屏"一般。

小常识

　　冲泡安吉白茶，最好选透明度高的玻璃茶具，通过玻璃可以欣赏安吉白茶在水中的姿态，在冲泡的时候可以看到茶叶上下舞动，更直观地把安吉白茶的美展现出来。优质的安吉白茶，干茶翠绿鲜活，外形细秀匀整，冲泡香气清高馥郁，有淡淡的竹香，茶汤嫩绿鲜亮。安吉白茶中的有效成分在第一次冲泡后浸出量最大，经三次冲泡后，基本就达到了总量的浸出。

知识链接

　　安吉白茶属于绿茶。外形如凤羽，色如翠玉，光亮鲜润。汤色嫩绿鲜亮，香气清高馥郁，滋味鲜醇甘爽。叶底自然张开，叶色白绿。

🌀 盖碗冲泡洞庭碧螺春

备器：准备盖碗茶具。

赏茶：取适量碧螺春干茶置于茶荷，欣赏其外形、色泽。

注水：向盖碗中倒入适量热水进行碗，依次注水。

温碗：双手拿杯，转动杯身，内壁充分预热后，直接将水弃入水盂，依次温杯。

投茶：将茶荷中茶叶用茶匙缓缓拨入盖碗中。

注水：将80℃～85℃热水注入碗中，水不宜过多，以刚好倒满杯子的容量为宜。

揭盖：1～2分钟后即可揭盖品饮。

奉茶：奉茶前要将盖碗底部的水渍擦干。

品饮：奉茶后，举起自己的盖碗，拨开茶叶品饮。

冲泡技巧提示

　　盖碗在使用时，都有一个揭盖的动作。揭盖单手操作，食指按住盖钮的中心部位，拇指和中指扣住盖钮两侧，其余手指轻轻内扣，同时向内转动，左手操作时要顺时针旋转，右手则逆时针旋转，呈抛物线轨迹将碗盖轻搭在碗托一侧。

知识链接

　　洞庭碧螺春干茶外形条索紧结，卷曲如螺，色泽碧绿，白毫毕露。用80℃左右的水冲泡后，银澄碧绿，清香幽雅，口味凉甜，鲜爽生津。叶底柔匀。

🍵 壶杯冲泡涌溪火青

备器：准备茶具和茶叶。

赏茶：欣赏涌溪火青外形、色泽，嗅闻其干茶香。

注水：向壶杯中注入适量沸水温壶。

温壶：利用手腕力量摇动壶身，使其内部充分预热。

温杯：将温壶的水直接低斟入品茗杯中温杯。

投茶：用茶匙将茶荷内涌溪火青拨到壶杯中。

注水：注入80℃～85℃水浸泡茶叶。

弃水：将温杯的水弃入水盂中。

擦拭：温杯弃水后，要将品茗杯底的水渍擦干。

冲泡技巧提示

在品饮涌溪火青时，一定要趁热饮用，茶凉后不可再饮，因涌溪火青茶冷饮会导致腹泻。同时冷掉的茶水里的内含物质已经挥发，闻不到其浓郁的花香、尝不到甘甜醇厚的滋味。

出汤：1～2分钟后即可出汤。 品饮：举杯邀客品饮。

知识链接

涌溪火青外形颗粒状，形如绿豆，身骨重，色泽墨绿广润，多白毫。香气高纯，汤色浅黄透明，滋味醇厚回甜。叶底匀嫩。

❤ 飘逸杯冲泡黄山毛峰

赏茶：取适量黄山毛峰于茶荷中，欣赏黄山毛峰干茶的外形和色泽。

温内杯：向飘逸杯中注入适量的沸水。

温外杯：按下滤网上的按钮，使水流到外杯中。

温杯：将飘逸杯温好后，将飘逸杯中的水倒入玻璃杯中温杯。

投茶：将茶荷中的黄山毛峰用茶匙拨入飘逸杯中。

注水：向飘逸杯中倒入80℃~85℃的水，浸泡茶叶。

冲泡技巧提示

一般飘逸杯泡茶用一个飘逸杯即可，但如多人饮用，也可以加几个杯子。飘逸杯最大的特点是集合滤网、茶壶、茶盅功能于一体，有内杯和外杯，内杯具有过滤功能，其泡茶速度快，且不会将茶叶闷泡坏。

用飘逸杯冲泡茶叶，如茶席上没有专门的杯垫，则可以将飘逸杯的盖子倒置，要来盛放内杯，这样不会使水滴滴到茶席上。

品尝茶汤滋味，一般一杯分三口饮完。以示对主人的尊重，如所用品茗杯较大，也可以多分几次品饮。品饮茶汤时，如茶汤温度较高，可以先放在茶桌一旁，等稍凉后，再"一闻、二看、三品尝"。

小常识

投茶时，也可以省去茶匙，直接倒进飘逸杯。有些烦琐的步骤可以省去，但不可省的是水温，要待杯内水温降到约80℃~85℃才能使用。

弃水：在飘逸杯浸泡茶叶的时间里，将温杯后的水弃入水盂中。

出汤：待杯中水弃完，飘逸杯中茶叶刚泡好，即可按下按钮，出汤。

斟茶：将飘逸杯中泡茶的茶汤，低斟入玻璃杯中。

品饮：举杯邀客品饮。

知识链接

黄山毛峰是中国十大名茶之一，属于绿茶。产于安徽省黄山（徽州）一带，所以又称为徽茶。由清代光绪年间谢裕大茶庄所创制。

黄山毛峰的条索细扁，翠绿中略泛微黄，色泽油润光亮，优质的黄山毛峰芽头肥壮、匀齐毫显，色泽嫩绿似玉，较次的黄山毛峰叶张肥大，色泽尚绿润。

绿茶
品鉴

1 十大名茶之首——西湖龙井

佳茗由来 西湖龙井位列我国十大名茶之首，具有1200多年历史，明代列为上品，清顺治列为贡品。清乾隆游览杭州西湖时，盛赞龙井茶，并把狮峰山下胡公庙前的十八棵茶树封为"御茶"。

西湖龙井干茶

制作工艺 鲜叶采摘、晾晒、炒制。传统的西湖龙井炒制有十大手法，分别是：抛、抖、搭、煽、搨、甩、抓、推、扣和压磨，不同品质的茶叶有不同的炒制手法。

最佳产地 浙江省杭州市西湖区行政区域和西湖风景名胜区内。

西湖龙井茶汤

鉴别要点 西湖龙井有"四绝"，分别是色绿、香郁、味醇、形美。

茶叶风味 干茶：西湖龙井扁平挺直、匀齐光滑，色泽翠绿微带嫩黄光泽。

香气：具有清香，鲜嫩馥郁。

汤色：清澈明亮。

滋味：甘鲜醇厚。

叶底：嫩匀成朵。

西湖龙井叶底

保健功效 西湖龙井茶属于不发酵茶，其中富含儿茶素、茶多酚，具有很强的抗菌、抗氧化、抑制血管老化、净化血液的功效。

西湖龙井茶中含有咖啡因、叶酸等物质，能促进脂肪代谢，其中的茶多酚和维生素C能有效降低胆固醇、降低血脂。

小常识

西湖龙井以一级产区所产最佳，一级产区包括：狮峰、龙井、云栖、虎跑、梅家坞。

2 千年名茶——洞庭碧螺春

佳茗由来 洞庭碧螺春是我国十大名茶之一，早在隋唐时期就是茶叶中的名品，距今已有一千多年的历史，相传是清朝康熙皇帝巡游苏州的时候将其赐名为"碧螺春"。品尝碧螺春，就如同欣赏一位古典的江南美女。

洞庭碧螺春干茶

制作工艺 洞庭碧螺春经过杀青、揉捻、搓团显毫、烘干的工艺制成。

最佳产地 江苏省苏州市东山镇与西山镇的太湖洞庭山。

鉴别要点 形美、色艳、香浓、味醇、外形卷曲紧细。

茶叶风味 干茶：洞庭碧螺春条索纤细、匀整，卷曲成螺，白毫特显，色泽银绿光润。

香气：清香持久，带有花果香。

汤色：嫩绿清澈。

滋味：清鲜回甜。

叶底：嫩绿且均匀明亮。

洞庭碧螺春茶汤

洞庭碧螺春叶底

保健功效 洞庭碧螺春中的咖啡因具有强心、解痉、松弛平滑肌的功效，能解除支气管痉挛，促进血液循环。

洞庭碧螺春中含有氟，与牙齿的钙质有极强的亲和力，能给牙齿加上一个保护层，提高了牙齿防酸抗龋能力。

小常识

优质洞庭碧螺春：银白隐翠，条索细长，卷曲成螺，身披白毫，冲泡后汤色碧绿清澈，香气浓郁，滋味鲜醇甘厚，回甘持久。

劣质洞庭碧螺春：颜色发黑，披绿毫，暗淡无光，冲泡后无香味，汤色黄暗如同隔夜陈茶。

3 绿茶珍品——南京雨花茶

佳茗由来 "雨花茶"在我国茶名中实为罕见，但"雨花茶"的生产历史却十分悠久。南京在唐代就已种茶，在陆羽的《茶经》中就有记载。1959年，南京雨花茶被评选为我国十大名茶之一。

南京雨花茶干茶

制作工艺 南京雨花茶的制作经过杀青、揉捻、整形、烘炒四道工序。

最佳产地 江苏省南京城郊。

鉴别要点 干茶中带有峰苗，冲泡后有板栗香。

茶叶风味 干茶：外形条索紧直、浑圆，呈松针状，锋苗挺秀，色泽翠绿，白毫显露。

香气：清雅悠长。

汤色：碧绿而清澈。

滋味：醇厚，回味甘甜。

叶底：细嫩匀净匀亮。

南京雨花茶茶汤

南京雨花茶叶底

保健功效 南京雨花茶内含有较多的茶多酚，能抑制细菌的发展，维生素C和维生素E能阻断致癌物质——亚硝胺的合成，从而达到抗癌症的作用。

南京雨花茶中的茶多酚能减少体内血脂的含量，茶多酚能消除肠道的油腻，帮助消化，起到减肥的功效。

小常识

特级一等的南京雨花茶形似松针、紧细圆直、锋苗挺秀、色泽绿润、白毫略显，香气清香高长，汤色嫩绿明亮，滋味鲜醇爽口，叶底嫩绿明亮。二等的南京雨花茶尚紧直、含扁条、色泽绿、尚匀整，香气尚清香，汤色绿尚亮，滋味尚醇鲜。

4 雀舌仙子——金坛雀舌

佳茗由来 金坛雀舌来自我国著名的"中华绿茶之乡"——江苏省金坛，其在1982年由金坛区科研人员研制而成，属于江苏省新创制的名茶之一，因具有形如雀舌的外形，所以得名为金坛雀舌。

制作工艺 金坛雀舌的制作经杀青、做型、辉干等制作工艺。

最佳产地 江苏省常州市。

鉴别要点 干茶中带有峰苗，冲泡后有板栗香。

茶叶风味 干茶：外形扁平挺直，条索匀整，形似雀舌，色泽绿润。

香气：清高持久。

滋味：鲜爽。

汤色：明亮。

叶底：嫩匀成朵明亮。

保健功效 金坛雀舌含有较多茶多酚，茶多酚是水溶性物质，用它洗脸能清除面部的油腻，收敛毛孔，常喝可抗辐射、美白、保持肌肤细嫩。

胃寒的人不宜过多饮用金坛雀舌，饮用过量会引起肠胃不适。神经衰弱者和失眠症者临睡前不宜饮茶，正在哺乳的妇女也要少饮茶，茶对乳汁有收敛作用。

金坛雀舌干茶

金坛雀舌茶汤

金坛雀舌叶底

小常识

金坛产茶历史悠久，据县志第一卷"舆地志"记载："金坛设县于隋，物产之特殊者有秫稻、茶叶"。1923年"金坛县志"记载："茶叶，出郁冈山者佳，出方山者尤佳。"

5 名为"白茶"的绿茶——安吉白茶

佳茗由来 安吉白茶名为白茶，但是属于绿茶。它之所以呈现为白色，是因为它选取的茶树上生长的嫩叶都是白色的。安吉白茶树是茶树的变种，极为稀少，所以安吉白茶的产量不多，常常会出现供不应求的情况。

安吉白茶干茶

制作工艺 安吉白茶明前茶采摘要求一芽一叶，制作分为杀青、理条、烘干三个步骤。

最佳产地 浙江省湖州市安吉县。

鉴别要点 色泽浅黄绿，近乎白绿色，冲泡后完整成朵。

安吉白茶茶汤

茶叶风味 干茶：安吉白茶外形如凤羽，色如翠玉，光亮鲜润。

香气：清高馥郁。

汤色：嫩绿鲜亮。

滋味：鲜爽甘醇。

叶底：叶底自然张开，叶色白绿。

安吉白茶叶底

保健功效 安吉白茶的茶多酚是水溶性物质，用喝剩下的茶水洗脸能美白皮肤清除面部的油腻，抗皮肤老化，对祛除面部雀斑、暗斑有一定疗效。

安吉白茶含微量元素锰、锌、硒及茶多酚类物质，能增强记忆力。

小常识

忌用100℃的沸水冲泡安吉白茶，因为安吉白茶原料细嫩，叶张较薄，易被泡熟。如果茶叶中的茶多酚类的物质被高温氧化，易导致茶汤变黄，且会带有一种植物纤维煮熟的味道，使安吉白茶原有的香味消失，口感也会变差。

6 中华文化名茶——武阳春雨

佳茗由来 武阳春雨研制于1994年，既秉承了千百年传统制茶工艺，又结合了现代科技。在1998年中国国际博览会上，武阳春雨荣获金华市名茶最高奖——银质奖，被授予"中华文化名茶"称号。

武阳春雨干茶

制作工艺 武阳春雨的制作经杀青、揉捻、干燥这几个步骤。

最佳产地 浙江省武义县。

鉴别要点 香气中带有兰花香。

茶叶风味 干茶：武阳春雨外形细嫩稍卷，形似松针、细雨，色泽绿润，显毫。

香气：香气清高幽远。

汤色：浅绿明亮。

滋味：鲜醇甘爽，带有兰花香。

叶底：纤细多芽。

武阳春雨茶汤

武阳春雨叶底

保健功效 武阳春雨有抗氧化作用，能有效地预防心血管病，维持心脏的正常运作，还能提高人体的免疫能力。

武阳春雨能够净化人体消化器官，起到排毒养颜的效果。

小常识

武阳春雨茶，除少部分对茶有过敏反应的人，正在服用某些对茶有禁忌的药物的人，吃奶的婴儿，以及妇女在生理期来临时、怀孕期、孕妇临产期、哺乳期不适合外，其他人群都适合常年饮用，更适合内热体质的人，夏季饮用更佳。

7 茶中仙茗——瀑布仙茗

佳茗由来　瀑布仙茗历史悠久，茶圣陆羽在《茶经》中转引今已失传的《神异记》关于西晋"虞洪获大茗"的记载，先后在"四之器""七之事""八之出"中三处写到瀑布仙茗。

制作工艺　瀑布仙茗的制作工艺包括茶叶鲜叶的采摘、摊凉、杀青、揉捻、干燥等程序，其干燥方式是烘炒结合型。

最佳产地　浙江省余姚四明山区的道士山。

鉴别要点　香高持久。

茶叶风味　干茶：瀑布仙茗茶外条索紧结，色泽光润翠绿。

香气：高雅持久。

汤色：嫩绿清澈明亮。

滋味：鲜醇爽口。

叶底：细嫩明亮。

保健功效　瀑布仙茗内含成分丰富，茶多酚、咖啡因及各种维生素含量较高，经医学鉴定证明，瀑布茶对高血压、肾脏病、痢疾等疾病均有一定疗效，还能有效地清除口腔异味。

瀑布仙茗干茶

瀑布仙茗茶汤

瀑布仙茗叶底

小常识

瀑布仙茗分春、秋两季采制。春季采制时间为清明前至4月中旬，秋季采制时间为9月下旬至10月中旬。特级瀑布仙茗为一芽一叶，一级瀑布仙茗为一芽二叶。

一手好茶艺

8 状若莲子——三杯香

三杯香干茶

佳茗由来 三杯香属于特种炒青绿茶，来自四季分明、气候温和的泰顺县，泰顺县以"云雾茶"驰名于世，而三杯香以香高味醇、经久耐泡，犹如三杯有余香而得名。泰顺产茶历史悠久，泰顺三杯香茶在20世纪50、60年代名噪一时。2010年，"三杯香"牌三杯香茶荣获首届"国饮杯"特等奖。

制作工艺 包括采摘、杀青、揉捻、干燥烘焙，拣剔五道工序。

最佳产地 浙江省泰顺县。

鉴别要点 香气清高持久，三杯犹有余香。

三杯香茶汤

茶叶风味 干茶：外形条索紧细，多锋苗，色泽绿润。

香气：清高持久。

汤色：黄绿明亮。

滋味：浓醇，回味甘甜。

叶底：黄绿嫩匀。

三杯香叶底

保健功效 三杯香茶中的儿茶素对人体疾病的致病菌有抑制的作用，同时并不阻碍有益细菌的繁衍。

三杯香茶中的茶多酚能减少体内血脂的含量，茶多酚能消除肠道的油腻，帮助消化，起到减肥的功效。

小常识

三杯香的储存需将干茶置于低温、干燥、无氧、不透光的环境下，切勿与他物放置一起，贮存容器场所均需无异味，否则茶会完全变质。

9 华茶之极品——羊岩勾青

佳茗由来 羊岩勾青产于中国历史文化名城——临海市，为20世纪80年代新创的名茶。

羊岩勾青属于烘炒结合的茶叶，中国茶叶学会名誉理事长陈宗懋曾评价羊岩勾青：香高味醇，实乃华茶之极品。

制作工艺 羊岩勾青的树为当地群体良种，采摘鲜叶嫩度以一芽一叶开展为主，采后经摊放、杀青、揉捻、炒小锅、炒对锅等工序。

最佳产地 浙江省临海市。

鉴别要点 外形呈腰圆。

茶叶风味 干茶：羊岩勾青外形勾曲，色泽隐绿。

香气：醇高持久。

汤色：黄绿明亮。

滋味：醇爽，较耐冲泡。

叶底：成朵。

保健功效 羊岩勾青中的氟，氟离子，与牙齿的钙质有很大的亲和力，能变成一 种较为难溶于酸的"氟磷灰石"，给牙齿加上一个保护层，提高了牙齿防酸抗龋能力。

羊岩勾青干茶

羊岩勾青茶汤

羊岩勾青叶底

小常识

羊岩勾青茶叶原产于国家历史文化名城临海市河头镇的羊岩山茶场。1998年获浙江省首批优质农产品金奖，2012年获第九届国际名茶评比金奖。

10 浙江十大名茶——径山茶

佳茗由来 径山产茶历史悠久，始栽于唐，闻名于宋。南宋时，日本佛教高僧圣一禅师、大禅师(即南浦·昭明)渡洋来中国，在径山寺研究佛学。归国时带去径山茶籽和饮茶器皿，并把碾茶法传入日本。

径山茶干茶

制作工艺 径山茶与清明前后开采，采摘鲜叶标准为一芽一叶至一芽二叶，经过杀青、摊凉、揉捻、烘干等步骤。

最佳产地 浙江省杭州市余杭区西北境内之天目山东北峰的径山。

径山茶茶汤

鉴别要点 芽峰显露，略带白毫。

茶叶风味 干茶：径山茶外形条索纤细、稍卷曲，芽锋显露，色泽翠绿，略带白毫。

香气：清香持久。

汤色：清澈明亮。

径山茶叶底

滋味：鲜醇。

叶底：黄绿嫩匀。

保健功效 径山茶中的糖类、果胶、多酚类、氨基酸等物质可以和口涎产生化学反应，刺激唾液分泌，达到生津消暑的效果。

径山茶中的儿茶素对人体疾病的致病菌有抑制的作用，同时并不阻碍有益细菌的繁衍。

小常识

径山茶产地属亚热带季风气候区，温和湿润，雨量充沛，年均气温16℃，年降水量1837毫米，年日照1970小时，无霜期244天。

11 徽茶典范——黄山毛峰

佳茗由来 黄山毛峰产自于安徽黄山，属于烘青绿茶。由清代光绪年间谢裕泰茶庄所创制，在20世纪50年代被中国茶叶公司评为全国"十大名茶"，之后又获得中国商业部"名茶"称号，1986年被中国外交部定为"礼品茶"。

制作工艺 包括采摘、杀青、揉捻、干燥烘焙，拣剔五道工序。

最佳产地 安徽黄山，以富溪乡产的黄山毛峰最佳。

鉴别要点 形似雀舌、芽叶肥壮、白毫显露、干茶色泽绿中带黄。

茶叶风味 干茶：黄山毛峰茶外形细嫩，芽肥壮、匀齐，有峰毫，形似"雀舌"色泽嫩绿金黄油润。

香气：清鲜高长。

汤色：杏黄色，清澈明亮。

滋味：回甘醇厚、鲜爽。

叶底：肥厚成朵、嫩黄。

保健功效 黄山毛峰中的茶多酚具有很强的抗氧化性和生理活性，是人体自由基的清除剂。

黄山毛峰中的茶多酚及其氧化产物具有抗放射性物质锶90和钴60毒害的能力。

黄山毛峰干茶

黄山毛峰茶汤

黄山毛峰叶底

小常识

黄山毛峰虽冠以黄山，但并不是黄山所有地区产的毛峰都是优质的。其中，以富溪乡产的毛峰品质最佳。

黄山毛峰鲜叶为了保质保鲜，要求上午采，下午制；下午采，当夜制。

12 尖茶极品——太平猴魁

佳茗由来 太平猴魁创制于1900年，是中国历史名茶。1955年，太平猴魁又被评为全国十大名茶之一。有"猴魁两头尖，不散不翘不卷边"之称。获得过诸多荣誉。

制作工艺 谷雨前后，当20%芽梢长到一芽三叶初展时，即可开园采摘，其后3~4天采一批，采到立夏便停采，立夏后改制尖茶，采摘标准为一芽三叶初展。鲜叶采摘后通过杀青、毛烘、足烘、复焙四道工序制作太平猴魁。

最佳产地 安徽省黄山市北麓的黄山区新明、龙门、三口一带。

鉴别要点 单片茶芽、枝、叶相连，茶条肥壮完整。

茶叶风味 干茶：太平猴魁外形两叶抱芽，扁平挺直，自然舒展，叶色苍绿匀润，叶脉绿中隐红。

香气：具有兰香，且高爽持久。

汤色：清绿明净。

滋味：鲜醇回甜。

叶底：芽叶肥壮、均匀成朵、嫩绿明亮。

保健功效 太平猴魁茶汤能消炎杀菌，起到预防蛀牙的功效，但长期饮用较浓的茶汤导致黄牙。此外，如果饮用凉茶水容易造成喉咙痰多不适。

太平猴魁干茶

太平猴魁茶汤

太平猴魁叶底

小常识

特级的太平猴魁外形扁平壮实，匀齐，毫多不显，苍绿匀润；汤色嫩绿明亮，香气鲜嫩清高，滋味鲜爽醇厚，回味甘甜，有"猴韵"。

把茶叶放入冰箱之前，要先把茶叶放在干燥、无异味并且可以密封的盛器中，然后放入冰箱的冷藏柜中，冷藏柜的温度最好调在5℃以下。

13 无芽无梗的茶——六安瓜片

佳茗由来 六安瓜片是中国历史名茶，唐朝的时候称之为"庐州六安茶"，明朝的时候开始称作"六安瓜片"，清朝期间是朝廷贡茶。2010年，六安瓜片走进上海世博会，成为中国世博会十大名茶之一。

六安瓜片干茶

制作工艺 采摘的鲜叶先进行杀青，杀青先后分为生锅和熟锅，生锅温度100℃左右，熟锅稍低，杀青至叶片基本定型，含水率30%左右时即可出锅，准备烘焙，烘焙是六安瓜片制作工艺的关键，烘焙分三次完成，火温从高到低，毛火、小火、老火，最后的老火又称为拉老火，在我国茶叶烘焙技术中独具一格。

六安瓜片茶汤

最佳产地 安徽省六安市金寨县和裕安区两地。

鉴别要点 外形形似瓜子。

茶叶风味 干茶：形似瓜子、自然平展，叶缘微卷、色泽深绿，匀整不含芽尖、茶梗。

六安瓜片叶底

香气：清香持久。

汤色：碧绿清澈。

滋味：鲜醇回甘。

叶底：黄绿匀亮。

保健功效 冲泡时间太短或水温太低则不利于茶多酚、维生素、氨基酸等营养物质的浸出，太长或水温太高又会将滋味、香气破坏，所以冲泡时一定要算好时间、量好水温，让品质达到最佳状态。

小常识

区分六安瓜片好坏可以看茶叶的品质特征，一般一级的瓜片，外形似瓜子匀整，色绿上霜，嫩度好，无芽梗漂叶和茶果，清香持久，鲜爽醇和，汤色黄绿明亮，叶底黄绿匀整。三级的六安瓜片外形也为瓜子形，尚嫩，稍有漂叶，香气较纯和，尚鲜爽醇和，汤色黄绿尚明。

14 珠茶之首——涌溪火青

佳茗由来 《宁国府志》记载："宋时泾县有茶树四百万六千六百八十七株"。而涌溪火青起源于宋朝，清朝咸丰年间达到鼎盛时期。尼克松访华时，周恩来总理曾将涌溪火青作为礼物赠送给尼克松。

涌溪火青干茶

制作工艺 涌溪火青制造工序分杀青、揉捻、炒头坯、复揉、炒二坯、摊放、掰老锅、分筛等工序。

最佳产地 安徽省泾县城东70公里涌溪山的丰坑、盘坑、石井坑湾头山一带。

鉴别要点 干茶颗粒状，身骨重实。

涌溪火青茶汤

茶叶风味 干茶：外形颗粒状，形似绿豆，身骨重实，色泽墨绿光润，多白毫。

香气：清高馥郁。

汤色：清澈带绿。

滋味：醇厚回甜。

叶底：嫩匀，绿带黄明亮。

涌溪火青叶底

保健功效 涌溪火青汤浓味美，具有明目清心，止渴解暑、利尿解毒、提神消腻等功效，对接受化疗的癌症者具有特殊的药用价值，但不可冷饮，冷饮会导致腹泻。

小常识

涌溪火青采摘自一种罕见的茶树变异品种——涌溪柳叶种茶树，以一芽一叶或一芽二叶初展最佳，其花香浓郁，且根据产地、加工工艺不同会呈现出如兰花香、甜香、毫香等不同的香气，是安徽绿茶中不可或缺的珍品。

15 皖南名茶——金山时雨

佳茗由来 "时雨"是皖南一种名茶的代名词。早在清代末年，"时雨"就由上海汪裕泰茶庄独家经销。民国初年，"时雨"已销往海外。

金山时雨干茶

制作工艺 金山时雨的制作工艺包括鲜叶采摘，采摘一般以一芽一叶为主，通过杀青、揉捻、干燥等工艺知足。

最佳产地 安徽省绩溪金山。

鉴别要点 外形紧细如雨丝，滋味纯爽有回甘。

金山时雨茶汤

茶叶风味 干茶：金山时雨外形条索紧细、匀净，如雨丝。色泽乌绿，微带白毫。

香气：浓郁清爽。

汤色：黄绿清澈明亮。

滋味：纯和爽口，有回甘。

叶底：嫩绿金黄。

金山时雨叶底

保健功效 饮用金山时雨绿茶可以预防癌症，因为茶叶内的茶多酚是有效的抗氧化剂，能够抑制致病的自由基，所以达到预防癌症的目的。

小常识

　　特级的金山时雨为有机绿茶，冲泡前不需要醒茶，直接冲泡即可，冲泡次数在3次以上。冲泡水温适宜控制在85℃以上。

16 明代贡茶——开化龙顶

佳茗由来 开化龙顶明朝时期就被作为贡茶，20世纪70年代末，茶叶科技人员在开化县大龙山的龙顶潭周围的茶园里，采取一芽一叶为原料，精心研制出一种品质优异的好茶，遂以开化县名和龙顶地名而将之命名为开化龙顶。

制作工艺 开化龙顶的制作工艺包括采摘肥厚的嫩叶，经过杀青、揉捻、初烘、理条、烘干等工序制作而成。

最佳产地 浙江省衢州市开化县。

鉴别要点 冲泡后具有幽兰的清香。

茶叶风味 干茶：开化龙顶外形紧直挺秀，色泽绿翠。

香气：香气高，伴有幽兰的清香。

汤色：清澈带绿。

滋味：浓醇，回味甘甜。

叶底：肥嫩，匀齐。

保健功效 开化龙顶中的咖啡因能促使人体中枢神经兴奋，增强大脑皮层的兴奋过程，起到提神益思、清心的效果。

开化龙顶中的茶多酚可以阻断亚硝酸铵等多种致癌物质在体内合成，并具有直接杀伤癌细胞和提高肌体免疫能力的功效。

开化龙顶干茶

开化龙顶茶汤

开化龙顶叶底

小常识

钱塘江源头开化县，是浙、皖、赣三省七县交界的"中国绿茶金三角地区"。境内山如驼峰，水如玉龙。放眼四望，满目苍翠。

17 汉族传统名茶——敬亭绿雪

佳茗由来 敬亭绿雪是宣州所产茶叶中最为著名的一种，其历史悠久，久负盛名，《宣城县志》中曾有过这样的记载："明、清之间，每年进贡300斤。"

制作工艺 敬亭绿雪的采摘以一芽一叶为主，制作工艺包括杀青、做形、烘干。

最佳产地 安徽省宣城市北敬亭山。

鉴别要点 干茶形似雀舌，白毫显露。

茶叶风味 干茶：敬亭绿雪外形色泽翠绿，白毫似雪，形如雀舌，挺直饱润。

香气：鲜浓。

汤色：清碧。

滋味：回味爽口，香郁甘甜。

叶底：嫩绿匀整。

保健功效 敬亭绿雪中的咖啡因，是一种黄嘌呤生物碱化合物，是一种中枢神经兴奋剂，能够暂时的驱走睡意并恢复精力。

敬亭绿雪中的维生素C对治疗坏血病，预防牙龈萎缩、出血有一定功效，还能预防动脉硬化。

敬亭绿雪干茶

敬亭绿雪茶汤

敬亭绿雪叶底

小常识

传说有一个美丽的姑娘叫绿雪，年年到敬亭山采茶为瘫痪在床的母亲治病，而此茶只有山顶绝壁处才有，在一次采茶时，她不慎跌落山崖，人们为了怀念这位勤劳可敬的姑娘，将此地所产山茶取名为"敬亭绿雪"。

18 兰香芬芳——舒城兰花

佳茗由来 舒城兰花为历史名茶，创制于明末清初。20世纪80年代舒城县在小兰花的传统工艺基础上，开发了白霜（桑）雾毫、皖西早花，1987年双双评为安徽名茶。

舒城兰花干茶

制作工艺 舒城兰花的初制加工程序是杀青、揉捻、初烘、锅炒、复烘。

最佳产地 安徽省舒城、通城、庐江、岳西一带。

鉴别要点 干茶形似兰花，内质有独特的兰花香。

舒城兰花茶汤

茶叶风味 干茶：外形芽叶相连，形似兰花，色泽翠绿匀润，显毫。

香气：有独特的兰花香。

汤色：绿亮明净。

滋味：浓醇回甜。

叶底：成朵，嫩黄绿色。

舒城兰花叶底

保健功效 舒城兰花中的成分可以有效地清除口腔异味，并且对预防龋齿，抑制口腔溃疡有一定的作用。

舒城兰花可以起到利尿的作用，加速体液循环，并具有排毒的效果。

小常识

舒城兰花需静品、慢品、细品。一品开汤味、淡雅；二品茶汤味，鲜醇。只有这样才能充分体验舒城兰花带给我们的幽香与宁静。

19 大别山的馈赠——岳西翠兰

佳茗由来 岳西翠兰是在岳西县东北部姚河、头陀河一带生产的历史名茶"小兰花"的传统工艺基础上研制开发而成的，翠绿鲜活的品质特征突出，因此得名。

制作工艺 岳西翠兰在谷雨前后采摘，采摘标准为一芽一叶至二叶，经过杀青、整形、烘焙等工序，形成了岳西翠兰独特的"三绿"特点，即干茶色泽翠绿、茶汤颜色碧绿、叶底色泽嫩绿的品质特征。

最佳产地 安徽省大别山腹部的岳西县。

鉴别要点 干茶冲泡后有明显的嫩香。

茶叶风味 干茶：芽叶相连，舒展成朵，形似兰花，色泽翠绿。

香气：清高持久。

汤色：浅绿明亮。

滋味：浓醇鲜爽。

叶底：嫩绿明亮。

保健功效 岳西翠兰中的单宁酸具有杀菌的作用，可以阻止口腔内细菌的繁殖，从而达到清新口气，防止口臭的效果。

岳西翠兰中的咖啡因和茶叶碱等物质，有利尿的作用。

岳西翠兰干茶

岳西翠兰茶汤

岳西翠兰叶底

小常识

岳西县自然生态环境特别优越，县域地貌以中低山为主体，境内千米以上高峰236座，森林覆盖率74%。

20 传统名茶——休宁松萝

佳茗由来 休宁松萝属于历史名茶，创制于明代隆庆年间，据明代《茶录》记载，松萝茶的制法由大方和尚首创。休宁松萝曾获国际茶博会名优茶优质奖，也被评为黄山市市级名优茶。

制作工艺 休宁松萝采摘以一芽一叶为主，制作工艺包括杀青、揉捻、烘焙。

最佳产地 安徽省黄山市休宁县松萝山。

鉴别要点 外形卷曲呈螺。

茶叶风味 干茶：休宁松萝外形条索紧结、卷曲、光滑，色泽银绿。

香气：香高持久，嫩香明显。

汤色：清澈明亮。

滋味：浓厚带苦。

叶底：绿亮。

保健功效 休宁松萝中的儿茶酸能促进维生素C的吸收。维生素C可使胆固醇从动脉移至肝脏，降低血液中胆固醇，同时可增强血管的弹性和渗透能力，降低血脂。

休宁松萝干茶

休宁松萝茶汤

休宁松萝叶底

小常识

休宁县位于安徽省最南端，距黄山风景区仅43公里。松萝山位于城北约15公里，与琅源山、天宝山、金佛山相望。

21 旧时"洋尖"——汀溪兰香

佳茗由来 汀溪兰香创制于1989年，由陈椽教授亲自创制并题名的尖茶类名茶精品。已十多次荣获国内外评比大奖，受到参评专家和广大消费者的一致赞赏。

制作工艺 汀溪兰香的采摘以一芽二叶为主，制作工艺包括杀青、揉捻、烘干。

最佳产地 安徽省泾县汀溪。

鉴别要点 外形肥嫩挺直，叶底匀齐成朵。

茶叶风味 干茶：汀溪兰香外形肥嫩挺直，呈绣剪形，色泽翠绿，匀润显毫，色泽翠绿。

香气：清纯。

汤色：嫩绿，清澈明亮。

滋味：鲜爽醇厚回甘。

叶底：嫩黄匀整。

保健功效 汀溪兰香中的茶多酚具有很强的抗氧化性和生理活性，是人体自由基的清除剂，能阻断脂质过氧化反应，清除活性酶的作用。

汀溪兰香中的茶多酚及其氧化产物具有吸收放射性物质锶90和钴60毒害的能力。对因放射辐射而引起的白细胞减少症治疗效果更好。

婺源茗眉干茶

婺源茗眉茶汤

婺源茗眉叶底

小常识

泾县汀溪乡大坑村，这里山高林密，幽谷纵横，土壤肥沃，气候温和，优越的生态环境孕育出肥嫩滴翠的茶芽，再经过精心采制，就成为香高味醇的名茶了。

22 峨眉珍品——竹叶青

佳茗由来 峨眉山产茶,历史悠久,唐朝《文选注》中记载:"峨眉多药草,茶尤好,异于天下。"宋代,峨眉山茶叶更是有名,大文豪苏东坡、诗人陆游都曾写过赞美峨眉山茶的诗文。峨眉山的竹叶青茶在1964年由陈毅命名。

制作工艺 经过采摘摊晾、杀青、三炒三凉,采用抖、撒、抓、压、带条等手法,做形干燥,再进行烘焙,茶香益增,最终成茶外形美观,内质十分优异。

最佳产地 四川省峨眉山。

鉴别要点 干茶外形扁平,色泽绿润。

茶叶风味 干茶:竹叶青茶外形扁平光滑、挺直秀丽,色泽嫩绿油润。

香气:浓郁持久,有嫩板栗香。

汤色:嫩绿明亮。

滋味:鲜嫩醇爽。

叶底:叶底完整、黄绿明亮。

保健功效 竹叶青茶中的咖啡因和茶碱具有利尿作用,可以治疗水肿。

竹叶青茶的咖啡因能兴奋中枢神经系统,帮助人们振奋精神、增进思维、消除疲劳、提高工作效率。

竹叶青干茶

竹叶青茶汤

竹叶青叶底

小常识

对名优竹叶青茶的冲泡,一般视茶的松紧程度,采用两种投茶法,较紧压的用上投法,较松散的用中投法。普通竹叶青采用下投法。

高档的竹叶青要真空包装放在冰箱中冷藏起来,随取随封。

23 茶中故旧——蒙顶甘露

佳茗由来　蒙顶甘露属历史名茶。相传蒙山种茶始于西汉末年，当时名山人吴理真亲手种七株茶于上清峰，被人们称为仙茶。蒙顶甘露也是我国最早有文字记载的人工种茶。

制作工艺　采摘时间在每年的春分时节进行，选择叶肉鲜嫩，色泽鲜亮的叶片采摘。制作工艺包括采摘、摊放、杀青、揉捻、炒青、做形、初烘、复烘等多道工序。

最佳产地　四川省雅安县的名山区和蒙顶山。

鉴别要点　香气馥郁。

茶叶风味　干茶：蒙顶甘露外形条索紧结、卷曲，色泽嫩绿油润，多毫。

香气：鲜嫩馥郁。

汤色：碧绿带黄，清澈明亮。

滋味：鲜爽，醇厚回甜。

叶底：幼嫩。

保健功效　蒙顶甘露中的茶多酚具有很强的抗氧化性和生理活性，是人体自由基的清除剂。其抗衰老效果比维生素E强18倍。

蒙顶甘露中的咖啡因能促使人体中枢神经兴奋，增强大脑皮层的兴奋过程，起到提神益思、清心的效果。

蒙顶甘露干茶

蒙顶甘露茶汤

蒙顶甘露叶底

小常识

蒙顶山常年烟雨蒙蒙，烟霞满山，云雾弥漫的条件下，能减弱太阳光的直射，使散射光增加，这里生态环境下有利于栽种的茶树中氮物质的合成，同时也可以增加氨基酸、蛋白质、咖啡因、维生素的含量。

24 针形绿茶代表——安化松针

安化松针干茶

佳茗由来 安化松针是我国针形绿茶的代表，凭借其外形如松针、香郁味醇的品质特点在1965被评为湖南省三大名茶之一，并屡获国际国内殊荣，深受爱茶之人的喜爱。

制作工艺 安化松针经过鲜叶采摘、杀青、揉捻、整形等工序制作而成。

最佳产地 湖南省安化县。

鉴别要点 成品茶干茶白毫显露。

茶叶风味 干茶： 安化松针干茶外形紧结挺直，色泽翠绿，白毫显露。

香气：馥郁。

汤色：清澈明亮。

滋味：甜醇。

叶底：嫩绿匀整。

保健功效 安化松针内含的茶多酚和B族维生素，可以增加胆固醇的氧化，阻碍游离胆固醇的脂化作用而减少脂蛋白的合成。安化松针中的茶色素、维生素C等可以减少组织胆固醇沉积，扩张周围血管、防止血栓形成。

恩施玉露茶汤

安化松针叶底

小常识

据文献记载，安化境内的芙蓉山、云台山，自宋代开始，茶树已经是"山崖水畔，不种自生"。所制"芙蓉青茶"和"云台云雾"两茶，曾被列为贡品。但几经历变，采制方法也已失传。

25 "金茶王"——古丈毛尖

佳茗由来 古丈毛尖历史悠久，始于东汉。东汉时期，古丈已列入全国名产茶区，唐代溪州即以芽茶入贡，后列为轻清室皇家贡品。1982年被评为湖南省优质名茶第一名，入选中国十大名茶之列。

制作工艺 古丈毛尖的初制加工程序包括杀青、揉捻、初烘、锅炒、复烘等。

最佳产地 湖南省武陵山区古丈县。

鉴别要点 干茶冲泡后有明显的熟板栗香。

茶叶风味 干茶：古丈毛尖外形条索紧细、圆直，色泽翠绿，白毫显露。

香气：香高持久，有熟板栗香。

汤色：清澈明净。

滋味：浓醇。

叶底：嫩匀明亮。

保健功效 古丈毛尖内含的咖啡因和儿茶素能促使人体血管壁松弛，并能增血管有效直径，使血管壁保持一定弹性，消除脉管痉挛。

古丈毛尖茶中的一氨基丁酸对松弛血管壁的效应更显著，喝茶能降低血液中胆固醇含量。

古丈毛尖干茶

古丈毛尖茶汤

古丈毛尖叶底

小常识

冲泡时间长短的控制，是为了让茶叶的香气、滋味展现充分准确。由于湖南古丈毛尖的制作工艺和原料选择的特殊性，决定了冲泡的方式方法和冲泡时间的长短。陈茶、粗茶冲泡时间长，新茶、细嫩茶冲泡时间短。手工揉捻茶冲泡时间长，机械揉捻茶冲泡时间短。

26 贵州三大名茶——都匀毛尖

佳茗由来 都匀毛尖茶，原称黄河毛尖茶。在明代已为贡品敬奉朝廷，深受崇祯皇帝喜爱，因形似鱼钩，被赐名"鱼钩茶"。1915年，曾获巴拿马茶叶赛会优质奖。1982年被评为中国十大名茶之一。

制作工艺 都匀毛尖的制作工艺包括杀青、揉捻、搓团提毫、干燥。

最佳产地 贵州省都匀。

鉴别要点 色泽绿中带黄，白毫显露，香气清嫩。

茶叶风味 干茶：都匀毛尖外形条索卷曲，色泽翠绿，带黄，白毫显露。

香气：内质香气清嫩。

汤色：绿中透黄。

滋味：鲜浓回甘。

叶底：芽头肥壮明亮。

保健功效 都匀毛尖一般人皆可饮用，特殊禁忌者除外。它可以降血压，毛尖茶中的一氨基丁酸对松弛血管壁的效应显著。

都匀毛尖干茶

都匀毛尖茶汤

都匀毛尖叶底

小常识

都匀毛尖的冲泡一般选用玻璃杯或白瓷盖碗，选用玻璃杯可欣赏都匀毛尖在水中缓缓舒展的美姿；选用盖碗冲泡，白底的瓷质能充分的衬托出茶汤的嫩绿明亮，但用盖碗冲泡都匀毛尖忌除出汤时的其他时间将盖子盖实，因为这样会导致茶叶焖熟，影响二泡三泡的汤色和口感。

27 贵州名茶——湄潭翠芽

湄潭翠芽干茶

佳茗由来 湄潭种茶历史悠久。唐朝陆羽在世界第一部茶叶专著《茶经》中，就有湄潭不仅能产茶，而且茶味很美的论述。宋代则有以茶叶为上贡的记载。

制作工艺 湄潭翠芽采摘茶树的嫩芽，经过初制加工程序是杀青、揉捻、初烘、锅炒、复烘。

最佳产地 贵州省湄江河畔。

鉴别要点 外形扁平光滑，香气带有新鲜花香。

湄潭翠芽茶汤

茶叶风味 干茶：湄潭翠芽外形扁平光滑，形似葵花籽，色泽绿翠。

香气：粟香浓并伴有新鲜花香。

汤色：黄绿明亮。

滋味：醇厚爽口，回味甘甜。

叶底：嫩绿匀整。

湄潭翠芽叶底

保健功效 湄潭翠芽有净化人体消化器官的作用，起到排毒养颜的效果。湄潭翠芽抗氧化作用突出，能有效地预防心血管病，维持心脏的正常运作，还能提高人体的免疫能力。

小常识

先将湄潭翠芽冲泡 2~3 分钟，再将雪梨切片，放入茶汤中，加入适量蜂蜜，饮用有清热去火，润肺清肠的功效。

28 "绿茶之王"——信阳毛尖

佳茗由来 信阳毛尖历史悠久，早在唐代，陆羽就把信阳列为全国八大产茶区之一。到了清朝，信阳毛尖已成为全国名茶之一。2007年，信阳毛尖获"世界绿茶大会"中国区绿茶金奖。

信阳毛尖干茶

制作工艺 信阳毛尖的加工工艺分为杀青、揉捻、解块、理条、初烘、摊凉、复烘七道工序。

最佳产地 河南省信阳市淮南丘陵和大别山区皆有种植。

信阳毛尖茶汤

鉴别要点 干茶中带有峰苗，冲泡后有板栗香。

茶叶风味 干茶：信阳毛尖外形条索紧细，色泽银绿带翠，有峰苗。

香气：高鲜，有熟板栗香。

汤色：嫩绿清澈。

滋味：鲜爽醇厚。

叶底：嫩绿匀整。

信阳毛尖叶底

保健功效 信阳毛尖茶汤除了可以饮用之外，还可以用来治疗脚气。信阳毛尖茶叶里含有多量的单宁酸，具有强烈的杀菌作用，尤其对脚气的丝状菌特别有效，用信阳毛尖茶汤泡脚可起到治疗脚气的作用。

小常识

信阳毛尖在选购时可手捧干茶靠近鼻端，用力深吸茶叶香气，如香气高、板栗香纯正则为优质茶；将干茶放在白纸上，观察干茶条索色泽、嫩度、粗细，如条索色泽嫩绿、嫩度高、紧细、碎末少的则为好茶。

真假信阳毛尖的品质特征：

真品毛尖：嫩茎圆形、叶缘有细小锯齿，叶片肥厚绿亮。汤色嫩绿、黄绿、明亮，香气高爽、清香，滋味鲜浓、醇香、回甘。

替代品：嫩茎方型、叶缘无锯齿、叶片暗绿、汤色深绿、无茶香，滋味苦涩、发酸。

29 施南方茶——恩施玉露

佳茗由来 恩施玉露是中国传统名茶，自唐时即有"施南方茶"的记载。清朝时期名为恩施玉绿。1936年，湖北省民生公司，在玉绿的基础上，研制出的绿茶香鲜味爽，毫白如玉，因其白毫格外显露，故改名为恩施玉露。

制作工艺 恩施玉露选用叶色浓绿的一芽一叶或一芽二叶鲜叶经蒸汽杀青制作而成。

最佳产地 湖北省恩施市南部的芭蕉乡及东郊五峰山。

鉴别要点 外形挺直紧细

茶叶风味 干茶： 恩施玉露外形挺直紧细，光滑油润。

香气：清爽。

汤色：嫩绿明亮。

滋味：醇和。

叶底：嫩绿匀整。

保健功效 恩施玉露中的茶多酚能减少体内血脂的含量，茶多酚能消除肠道的油腻，帮助消化，起到减肥的功效。恩施玉露中的儿茶素对人体疾病的致病菌有抑制的作用，同时并不阻碍有益细菌的繁衍。

恩施玉露干茶

恩施玉露茶汤

恩施玉露叶底

小常识

冲泡恩施玉露的时间太短或水温太低会不利于茶多酚、维生素、氨基酸等营养物质的浸出，冲泡时间太长又会将滋味、香气破坏，所以冲泡时一定要算好时间、量好水温，才能让恩施玉露的品质达到最佳状态。

30 婺源珍品——婺源茗眉

佳茗由来 婺源境内早在唐代以前就有茶叶生产，其群山高耸、气候温润、雨量充沛，婺源茗眉凭借着其得天独厚的自然条件，具有"叶绿、汤清、香浓、味醇"的品质优点。

婺源茗眉干茶

制作工艺 婺源茗眉的初制加工程序是杀青、揉捻、初烘、锅炒、复烘。

最佳产地 江西省婺源县。

鉴别要点 干茶冲泡后有明显的嫩香。

茶叶风味 干茶：婺源茗眉外形条索紧结，芽头肥壮，色泽绿润，白毫显露。

香气：香高持久，嫩香明显。

婺源茗眉茶汤

汤色：清澈明亮。

滋味：鲜爽醇厚回甘。

叶底：幼嫩。

保健功效 婺源茗眉中的茶多酚可以阻断亚硝酸铵等多种致癌物质在体内合成，并具有直接杀伤癌细胞和提高肌体免疫能力的功效。

婺源茗眉中的咖啡因能促使人体中枢神经兴奋，增强大脑皮层的兴奋过程，起到提神益思、清心的效果。

婺源茗眉叶底

小常识

沏茶的水温，要求在80℃左右最为适宜，因为优质绿茶的叶绿素在过高的温度下易被破坏变黄，同时茶叶中的茶多酚类物质也会在高温下氧化使茶汤很快变黄，很多芳香物质在高温下也很快散失。

31 最早的野茶——庐山云雾茶

佳茗由来 庐山种茶，历史悠久。远在汉朝，这里已有茶树种植。到了明代，庐山云雾茶名称已出现在明《庐山志》中，由此可见，庐山云雾茶至少已有300余年历史了。

制作工艺 庐山云雾茶一般采摘细嫩的芽叶，经过杀青、揉捻、搓毫、干燥等程序。

最佳产地 江西省庐山。

鉴别要点 外形中白毫显露。

茶叶风味 干茶：庐山云雾茶外形条索紧结、秀丽，色泽青翠有毫。

香气：清鲜持久。

汤色：清澈明亮。

滋味：醇厚回甜。

叶底：肥软嫩绿匀齐。

保健功效 风味独特的庐山云雾茶，含单宁、芳香油类和维生素较多，不仅味道浓郁清香，提神醒脑，而且有助消化，杀菌解毒，防止肠胃感染的功效。

庐山云雾茶能刺激肾有利尿解乏作用。能排除尿液中的过量乳酸，提高肾脏的工作效率，减少肾脏中的有害物质的滞留时间。

庐山云雾茶干茶

庐山云雾茶茶汤

庐山云雾茶叶底

小常识

庐山在江西省北部，北临长江、南倚鄱阳湖；群峰挺秀，雾气蒸腾。在这种氛围中艺植熏制的"庐山云雾茶"，素有"色香幽细比兰花"之喻。

庐山云雾茶的春茶越早越贵。幼小的茶叶不耐泡，一泡至二泡后就没有什么味道了。

32 绿色金子——午子仙毫

午子仙毫干茶

佳茗由来 汉中市西乡县茶叶种植历史悠久，始于战国、兴于秦汉、盛于唐宋、繁荣于明清。其中午子仙毫在1984年开始创制，并于1985年获得成功，1997年被评为陕西省名牌产品。

制作工艺 午子仙毫的初制加工程序是杀青、揉捻、初烘、锅炒、复烘。

最佳产地 陕西省汉中市西乡县、宁强县、勉县。

鉴别要点 干茶细秀，形似兰花。

茶叶风味 干茶：午子仙毫外形条形稍扁，形似兰花，色泽翠绿，显毫。

香气：清香持久。

汤色：嫩绿明亮。

滋味：浓醇甘爽。

叶底：幼嫩。

保健功效 午子仙毫中的咖啡因可刺激肾脏，促使尿液迅速排出体外，提高肾脏的滤出率，减少有害物质在肾脏中滞留时间。

午子仙毫中的咖啡因能促使人体中枢神经兴奋，增强大脑皮层的兴奋过程，起到提神益思、清心的效果。

午子仙毫茶汤

午子仙毫叶底

小常识

午子仙毫茶园地处陕西南部，汉中地区东部。海拔高度600~1200米，年平均温度14.7℃，年降雨量1000~1500毫米，土壤呈微酸性，有机质含量高，适合茶树生长。

33 北方第一茶——日照绿茶

佳茗由来 山东日照与韩国宝城、日本静冈是被世界茶学家公认的三大海绿茶城市，因为日照绿茶独特的优良品质，被誉为"中国绿茶新贵"，在2006年，日照绿茶被国家质检总局批准实施地理标志产品保护。

日照绿茶干茶

制作工艺 采摘时间在每年的春分时节进行。制作工艺包括采摘、摊放、杀青、揉捻、干燥等多道工序。

最佳产地 山东省日照市。

鉴别要点 冲泡后有板栗香。

日照绿茶茶汤

茶叶风味 干茶：日照绿茶外形条索紧细、卷曲，色泽翠绿至墨绿。

香气：内质香气纯正，或带有栗香。

汤色：黄绿明亮。

滋味：鲜爽醇厚回甘。

叶底：明亮。

日照绿茶叶底

保健功效 日照绿茶有抗氧化作用，能有效地预防心血管病，维持心脏的正常运作，还能提高人体的免疫能力。

小常识

日照绿茶按季节不同可分为春茶、夏茶和秋茶。其中以春茶质量最佳，秋茶次之，夏茶最次。春茶芽小、嫩，香高味浓，夏茶芽叶粗大，不耐泡，秋茶质量位于春茶与夏茶之间。

日照位于山东东南部，属暖温带湿润季风气候，光照充足，雨量充沛。产区为山地丘陵土壤，微酸性，含有丰富的有机质和微量元素，适合茶树生长。

34 "南茶北引"代表——崂山绿茶

佳茗由来 山东崂山的土壤和气候非常适合茶树的生长，素有"北方小江南"之称、在"南茶北引"成功后，崂山茶叶形成了自己的独特品质，在一年中可以采收三季，分别为春茶、夏茶和秋茶，产量得到明显提升，崂山绿茶也在2006年被国家质检总局批准实施地理标志产品保护。

崂山绿茶干茶

制作工艺 采摘时间在清明谷雨时节。制作工艺经过采摘、摊放、杀青、揉捻、干燥五道工序。

最佳产地 山东省青岛市崂山区。

鉴别要点 干茶冲泡后有明显的高香。

崂山绿茶茶汤

茶叶风味 干茶：崂山绿茶外形条索紧细、卷曲，匀整，色绿。

香气：内质香气纯正高鲜。

汤色：黄绿明亮。

滋味：鲜爽醇厚回甘。

叶底：软亮。

崂山绿茶叶底

保健功效 崂山绿茶因为气候条件，生长周期长，鲜叶叶面厚实，含有的营养成分丰富，具有天然的、独特的豌豆面香。而日照绿茶则具有叶片厚实、耐冲泡、栗香浓郁、回甘明显的品质特征。

小常识

崂山绿茶按品质的不同可以分为特级、一级、二级、三级这四个等级。特级色泽翠绿，汤色嫩绿明亮，滋味醇爽；三级色泽墨绿，汤色黄澄亮，滋味尚醇正。

第四章
识红茶，品佳茗

红茶是中国生产和出口的主要茶类之一，以香高、色艳、味浓而驰名中外。

以制作工艺中的不同，红茶可以分为红条茶和红碎茶。红条茶根据初制的方法不同又可以分为小种红茶和工夫红茶。小种红茶以正山小种最为出名，正山小种也是红茶的鼻祖，工夫红茶则是我国特有的传统产品，以安徽的祁红、云南的滇红、四川的川红、福建的闽红最佳。红碎茶因为制作过程中被充分揉切，所以成品茶一般作调饮用。

红条茶的主要制作过程是萎凋、揉捻、发酵、干燥。红碎茶的制作工艺是萎凋、揉切、发酵、干燥。

萎凋是红茶鲜叶加工的基础工序。它是指利用一定的温度和湿度，将鲜叶均匀摊放，使其散失适当的水分和青草气，让叶片变软，促进酶的活性。有日光萎凋和室内萎凋两种方法。

揉捻、揉切是茶叶的塑形工序，揉捻使红条茶卷曲成条，揉切使红碎茶获得紧细的颗粒。揉捻和揉切还能让茶汁溢出，为红茶内质的鲜爽提供条件。发酵是红茶形成品质的重要工序。一般将揉捻后的茶叶稍加紧压，再盖上用温水浸过的发酵布，通过温度、湿度和氧气的作用，来形成红茶特有的品质。

干燥是加工的最后一道工序，一般采用烘焙干燥。利用高温蒸发水分，破坏酶的活化，利于保持品质。利用高温，钝化鲜叶中酶的活性，丧失部分水分，使叶片变软，有"高温杀青、先高后低；老叶嫩杀、嫩叶老杀；抛闷结合、多抛少闷"的原则。 揉捻是绿茶塑形的工序。揉捻破坏了鲜叶组织，让茶汁渗出，使茶叶卷曲成条。干燥的目的是蒸发水分并整理外形，有利于茶叶的保存。

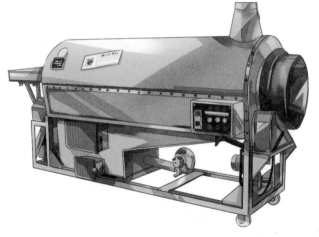

红茶制作过程中用到的杀青机

红条茶制作过程中用到的揉捻机

红茶分类

现代红茶品种越来越多，根据加工工艺的不同分为红条茶和红碎茶两类。红条茶适合清饮，红碎茶适合调饮。

红条茶

红条茶包含有很多品种，按初制方法的不同，又分为小种红茶和工夫红茶。小种红茶主要有正山小种、金骏眉等，工夫红茶主要有政和祁红、滇红、白琳等。

小种红茶

小种红茶是我国福建省特产，也是一种外销红茶，分为正山小种和人工小种（外山小种）。

正山小种外形条索长直、粗壮、重实，色泽乌黑油润，有松烟香，汤色金黄，滋味醇厚，似桂圆汤。

人工小种外形条索稍短、稍轻，带松烟香，汤色稍浅，滋味醇和。

小种红茶

工夫红茶

工夫红茶是中国独特的传统茶叶品种。我国的工夫红茶都是以产地来命名的，如祁红、滇红、坦洋工夫等。

工夫红茶其外形条索紧细、匀称，色泽乌润，汤色红亮，香气鲜甜，滋味甜纯，叶底红亮。工夫红茶的品质会因为产地或茶树品种的不同而存在差异。

工夫红茶

红碎茶

红碎茶是我国外销红茶的大宗产品，其在制作过程中经过了充分的揉切，形成了汤色红艳、香气高锐持久、滋味浓强鲜爽的品质特征，还可以加糖、加牛奶进行调饮。

红碎茶

红碎茶按揉切方式的不同可以分为传统红碎茶、C.T.C.红碎茶、转子红碎茶、L.T.P红碎茶和不萎凋红碎茶5种。

传统红碎茶是最早制作红碎茶的方法，在鲜叶萎凋"平揉"后"平切"，再加上后续发酵、干燥而成，这种机器制作出来的红碎茶，外形颗粒紧实，汤色红而浓亮，香味浓度也很好，因为这种制作方法成本较高，所以现在很少地方有生产了。

C.T.C红碎茶是指采用C.T.C切茶机来制作红碎茶，C.T.C切茶机是英国人在20世纪30年代发明的机器，后传入我国，用C.T.C切茶机制作出来的红碎茶外形颗粒状，香味较为浓烈，汤色红艳，是现在国际上价格较高的一种红碎茶。

转子红碎茶是指在揉切时，要用到转子机揉切茶坯，这种在机器始于20世纪70年代，生产出来的红碎茶外形颗粒紧卷重实，色泽呈现乌润状，汤色浓而发亮，滋味具有很强的刺激性，目前我国大部分地区的茶厂都还是按此法生产红碎茶。

L.T.P红碎茶是指用劳瑞式的锤击机切碎茶坯，这种机器制作出来的茶叶一般没有叶茶，其碎茶颗粒紧实匀齐，色泽棕红色，但是缺少油润感；香气鲜爽但不浓强，目前国内较少生产。

红碎茶按叶型的不同可分为叶茶、碎茶、片茶和末茶。

红茶问答

❂ "祁门香"是对高品质祁红的赞誉吗

"祁门香"是祁门红茶的美誉。"祁门香"是一种综合了兰花香、果香和蜜香的特殊香味，持久而长，在当地人口中更贴切地称为"甜蜜香"。

❂ "祁红三剑客"与祁红工夫茶有何区别

祁红是一个统称，按原料和工艺的不同，可以分为传统工艺的祁红工夫茶、祁红香螺、祁红毛峰、黄山金毫，以及一些新工艺祁红。中国十大名茶中提到的祁红一般是指传统工艺的祁红工夫茶，而祁红"三剑客"包括黄山金毫、祁红毛峰、祁红香螺。祁红工夫茶主要产地在安徽省祁门市，祁红"三剑客"主要产地都在安徽省黄山市。

❂ 红茶凉后出现浑浊现象是否代表变质

喝红茶时会发现，茶凉后茶汤会出现浑浊现象，此时红茶茶汤出现浑浊现象并不是茶叶变质的表现，而是一种特有的正常现象，这种现象被称为"冷后浑"。"冷后浑"是红茶特有现象，更是优质高档红茶的特征之一。

高级红茶中含有较多的茶黄素和茶红素，这两种物质会与茶叶中咖啡因发生反应，在冲泡时溶于茶汤中，茶汤的温度慢慢降低的过程中，茶汤由清变浑，出现浅褐色或橙色乳状物，茶汤温度升高，冷后浑现象消失。

黄山金毫干茶

祁红毛峰干茶

祁红香螺干茶

❦ 金骏眉价格高的原因

金骏眉价格高有很多原因，除去市场规则导致，究其本身可以归纳为以下三点。

一是金骏眉的成本要比其他红茶高。金骏眉是正山小种茶的一种，其原料采摘于武夷山国家自然保护区，种植茶树的面积并不大，其茶树种植分散，采摘的成本很高，所以正宗的金骏眉原料成本也相对较高。

二是金骏眉的制作成本高。金骏眉所用的原料全是芽尖，所以在采摘时要求工人从茶树上手采，500克金骏眉需要6万~8万个芽尖，所以金骏眉在制作上的成本是比较高的。

三是金骏眉产品的技术含量高。金骏眉是运用创新技术研发的高端红茶，既保留了传统正山小种红茶的优良特征，又在此基础之上创新了外形和茶叶内质，所以金骏眉较大地满足了高端市场消费者的需求，金骏眉的诞生不仅填补了国内红茶市场无高端红茶的空白，也让红茶市场更加丰富多彩。

世界四大红茶是什么

红茶不仅在我国备受喜爱，在其他国家也占有重要位置。当今世界级四大红茶分别是指中国祁门红茶、印度阿萨姆红茶、印度大吉岭红茶和斯里兰卡红茶。

祁门红茶简称祁红，产于中国安徽省黄山市祁门县一带，当地气候温和、雨水充足，是祁红甘鲜醇厚品质形成的重要因素。

阿萨姆红茶产于印度东北阿萨姆溪谷一代，当地雨量丰富，日照强烈，是形成阿萨姆红茶浓烈茶香的重要因素。

大吉岭红茶产于印度西孟加拉大吉岭高原一代，当地常年弥漫云雾，是孕育大吉岭红茶芳香的一大因素。

斯里兰卡红茶以乌沃茶最出名，当地雨量充足，常年云雾弥漫，形成了乌沃茶橙红明亮、具有铃兰香、滋味醇厚的独特品质。

祁门红茶

阿萨姆红茶

大吉岭红茶

斯里兰卡红茶

小常识

中国红茶为何能远渡海外，成为世界上最受欢迎的茶类呢？

1.茶来自中国，在过去交通还不发达的情况下，茶叶要从中国运输到欧洲等地，需要的时间相当长，而绿茶在这过程中品质会发生变化，可能到达目的地时已经体会不到绿茶的清香了。而红茶则不会受运输不便的影响。

2.红茶不但比绿茶更容易保存，且在常温下不易变质。红茶具有花果香和甜香，滋味醇厚鲜爽、强烈、浓醇，欧洲人以奶肉为食品，所以红茶的滋味更适合他们的口味。

3.欧洲人喜欢在茶中添加各种佐料来调味，如糖、奶、柠檬、薄荷和香草酯类，适当地调饮更适合欧洲人的口味，而绿茶则适合清饮，不适合调饮。

红茶茶艺

红茶的发祥地在中国，福建省武夷山地区的正山小种红茶是世界红茶的鼻祖。红茶独特的工艺形成了红汤、红叶和香味甜纯的品质特征。红茶适合用紫砂、瓷器、玻璃壶等茶具冲泡。

❧ 碗杯冲泡金骏眉

赏茶：取适量金骏眉干茶置于茶荷，欣赏其外形、色泽。

温碗：向盖碗中注入适量沸水进行温碗。

弃水：将温盖碗的水弃入茶盘，弃水时可将碗盖内侧温烫。

投茶：将茶荷中茶叶用茶匙缓缓拨入盖碗中。

注水：将100℃热水注入盖碗中，水不宜过多，以刚好没过茶叶为佳。

温杯：注水后迅速将水倒入品茗杯中，逆时针旋转入杯。

冲泡技巧提示

在温碗弃水时，也可以用温碗的水再次清洁碗盖，要操作此步骤最好是在用抽屉式茶盘时，这样能直接让水流入底部的抽屉中。

注水：将100℃热水注入盖碗中，至碗沿即可。

温杯：双手持杯，滚动杯身，使品茗杯内外均受热。

弃水：双手持杯，直接将杯高提弃水，注意要双手动作要统一。

出汤：约1~3分钟后即可倒，出汤时注意要分汤均匀，切不可厚此薄彼。

品饮：举杯邀客品饮。

小常识

直接弃水入茶盘中，提起品茗杯倒水时，提腕的高度不宜过高，以免溅起水渍到周围，弃水的速度也最好在3秒内完成。

冲泡技巧提示

温杯时，用双手持壶滚动杯身，此温杯的方法适合动作熟练的人使用，如不熟练则可以单手持杯，一个一个来。在操作时还要注意动作美。

双手温杯时，将品茗杯内热水倒入最靠近的一个品茗杯中。拇指抵住靠近泡茶者一侧，中指、无名指、小指一同扣住杯底，食指转动杯身另一侧，如同狮子滚绣球一般，使得杯身内外充分接触预热。品茗杯预热后，其他两个杯子无需再滚洗，双手拿起两个杯子摇动手腕即可将水弃入茶盘中。

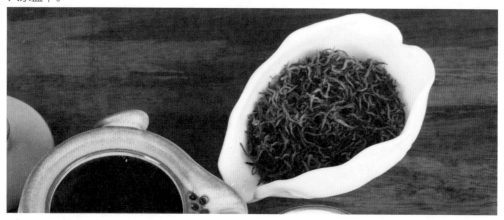

知识链接

　　金骏眉属于小种红茶。外形条索紧结、重实，色泽金、黄、黑，汤色金黄，有金圈。香气为花果蜜香，滋味鲜活甘爽。叶底舒展。

碗盅单杯冲泡川红

赏茶：取适量川红干茶置于茶荷，欣赏其外形、色泽。

注水：向盖碗中注入适量沸水。

温碗：利用手腕力量摇动碗身，使其充分预热。

弃水：将温盖碗的水直接弃入水盂中。

投茶：用茶匙将茶荷内川红拨到盖碗中。

注水：注入沸水，没过茶叶即可。

温盅：迅速将水倒入茶盅内。

注水：再次注水入盖碗中，这次水量要至碗沿。

冲泡技巧提示

　　新手在拿随手泡时，最好双手操作，因为随手泡水量要保证润茶和一泡用的量，而随手泡较重，单手操作容易拿捏不稳。

温杯：盖碗在浸泡茶叶时，将茶盅内的水斟入品茗杯中，温杯。

出汤：待将茶盅水分斟入杯后即可出汤。

弃水：待盖碗中茶汤倒出后，就可以慢慢将品茗杯中的水倒入水盂中。

擦拭：一般品茗杯在弃水后，杯身都会留有水滴，这时可用茶巾稍加擦拭。

分斟：将茶盅内茶汤分斟入品茗杯中。

品饮：举杯邀客品饮。

冲泡技巧提示

在茶艺表演过程中，茶席上的品茗杯数量要事先根据茶盅和盖碗的容量来决定，要大概能将茶汤分配均匀才可，不然会显得不礼貌。在斟茶时，要注意分斟到品茗杯中的茶量和浓度要均匀，一般先斟的那杯最淡，最后斟那杯最浓，所以在斟茶时，不要一次倒至七分满，分两轮倒出，这样从第一杯到第四杯，再从第四杯到第一杯，这样斟茶，茶汤浓度则大概一致了。

知识链接

川红属于工夫红茶。川红工夫茶首创于20世纪50年代，自问世以来，在国际市场上享有较高的声誉，五十多年间畅销俄罗斯、法国、英国、德国及罗马尼亚，是中国工夫红茶的后起之秀。

川红外形条索紧结、壮实美观，有锋苗，色泽乌润，毫多。汤色红亮，香气鲜，带橘子香，滋味鲜醇爽口。叶底匀整。

壶杯冲泡祁红

备器:准备茶叶和茶具。

赏茶:取适量祁红干茶置于茶荷,欣赏其外形、色泽。

注水:向紫砂壶中注入适量沸水。

温壶:利用手腕力量摇动壶身,使其内部充分预热。

弃水:将温壶的水直接弃入水盂中。

投茶:用茶匙将茶荷内祁红拨到紫砂壶中。

注水:注入沸水没过茶叶即可。

温杯:将润茶的水倒进品茗杯中温杯。

注水:再次注水入紫砂壶中,注水量以刚好与四个杯容量相符为佳。

小常识

使用紫砂壶时,如紫砂壶较大,且没有系壶绳的话,使用时最好双手操作,以免在冲泡的过程中壶盖脱落。家有紫砂壶则最好系上壶绳,这样既美观,又能起到保护壶盖的作用。

弃水：将温杯的水直接弃入水盂中。

出汤：将茶壶内茶汤低斟入品茗杯中。

品饮：双手连同杯托一同举起，邀客品饮。

冲泡技巧提示

待客时，可双手一同取杯，左手拇指搭在杯托上面，食指伸直在下面拖住杯托，其余手指内扣向掌心，右手"三龙护鼎"拿捏住品茗杯。品饮时，可将杯托移到桌上，直接品饮即可。在将品茗杯端到客人面前时，右手拇指和食指拿住杯托，端到客人面前，如客人就座较远，则泡茶人需起身敬茶，将茶端到客人面前后需行伸掌礼，如是站立状态，右手行礼时，左手同时收回到腹部位置。

知识链接

光绪年间，祁门人士胡元龙借鉴福建红茶制法，创制出祁门红茶，拥有"群芳最"和"红茶皇后"的美称。在英国，祁门红茶受到英国女王以及王室成员的喜爱，同时在2010年的上海世博会上祁门红茶成为指定用茶。

祁门红茶外形条索细秀，稍弯曲，有锋苗，色泽乌润，略带灰光。香气类似蜜糖或苹果，汤色红亮，滋味鲜醇带甜。叶底红亮。

壶盅单杯冲泡正山小种

备器：准备茶叶和茶具。

赏茶：取适量正山小种干茶置于茶荷，欣赏其外形、色泽。

注水：向紫砂壶中注入适量沸水。

温壶：利用手腕力量摇动壶身，使其内部充分预热。

弃水：将温壶的水直接弃入水盂中。

投茶：用茶匙将茶荷内正山小种拨到紫砂壶中。

注水：注入沸水没过茶叶即可。

取滤网：将滤网架上的滤网放到茶盅上。

温盅：将润茶的水过滤网倒进茶盅中，温盅。

冲泡技巧提示

　　在茶艺表演的过程中忌交叉取物，如取滤网、拿茶匙、取杯等，如不顺手则要绕道走，切不可从上方直接直线取物，一来是怕交叉取物会碰碎其他茶具，二来是不优雅，毫无美感。

擦拭：用茶巾轻轻擦拭紫砂壶底部水滴。

注水：再次高冲注水至满壶。

温杯：用温盅的水低斟入品茗杯中，温杯。

出汤：约2~3分钟后即可出汤。

弃水：将温杯的水弃入水盂中。

擦拭：温杯后，如品茗杯底部有水滴，可用茶巾轻轻擦拭。

斟茶：将茶盅内茶汤，分斟入品茗杯中。

品饮：双手举杯，邀客品饮。

小常识

在用茶壶泡茶时，要注意不要将壶盖上的气孔堵住。在使用之前要先了解气孔的位置，如按住气孔则茶壶无法出水。

冲泡技巧提示

无论是用茶巾擦拭茶壶还是品茗杯，在擦拭前，先双手拿起茶巾，再右手拿起品茗杯或茶壶，左手拿住茶巾不动，待茶壶或品茗杯中水弃了或倒完水后，再拿到茶巾一侧，轻轻擦拭水滴。用茶巾擦拭，一方面是让桌面、茶具整洁，另一方面擦拭干净再请客人使用，也是对客人的尊重。

知识链接

　　正山小种属于小种红茶。外形条索粗壮、长直，身骨重实，色泽乌黑油润。具有松烟香，汤色深金黄，呈糖浆状，滋味醇厚，类似桂圆汤味。叶底厚实光滑，呈古铜色。

🍵 壶盅单杯冲泡滇红

备器：准备好茶具、滇红干茶等。

赏茶：邀客一同欣赏滇红干茶，最好用茶荷盛放干茶。

注水：茶壶需要提前预热，所以向茶壶中注入沸水。

温壶：双手拿捏茶壶，轻轻转动手腕，使茶壶内壁充分预热。

弃水：将温壶的水直接弃入水盂中。

投茶：借助茶匙将茶荷中的茶叶拨入茶壶中。

注水：滇红需要润茶，所以先注入沸水，没过茶叶。

温盅：快速将润茶的水倒入茶盅中。

注水：再次注水如茶壶中，浸泡茶汤。

冲泡技巧提示

在斟茶入盅的过程中，茶壶与茶盅之间的角度宜慢慢变大，不可一蹴而就，追求时间上的速度而忽略动作的美观度。

温杯：将温盅的水低斟入品茗杯中，进行温杯。

出汤：将茶壶内的茶汤通过过滤网倒入茶盅中。

弃水：除了将润茶温杯的水弃入水盂，还可以将这茶水用来滋养茶宠。

养茶宠：浇淋茶汤后，可以用养壶笔轻轻刷洗茶宠。

斟茶：将茶汤低斟入品茗杯中。

擦拭：如若有茶渍溅到茶盘上，可用茶巾轻轻擦拭。

品饮：邀客品饮茶汤。

冲泡技巧提示

滇红滋味浓厚醇，内含物丰富。品味一款好的滇红茶，要从投茶量的适宜开始。投茶量不足则难以充分体现茶香，投茶过量会导致苦涩，容易浪费好茶。冲泡滇红时，茶水比例一般控制在1:20左右，基本上110毫升的茶具，投茶量以4~5克为佳。滇红是大叶种茶，虽然耐高温，但为了避免苦涩，烧开后的沸水入公杯中稍凉一分钟，待降低至90℃~95℃度间时，再用来泡茶，滋味更加甜醇，还可以延长耐泡度。

知识链接

滇红属于工夫红茶，已有70多年的历史。外形条索肥壮，紧结、重实，色泽乌润，带红褐色，金毫多。汤色清澈金黄，有金圈；香气为花果香带有蜜香，同时还有高山韵香；滋味醇厚、鲜活甘爽，带有金圈。叶底肥厚。

◎ 壶盅单杯冲泡宁红

赏茶：邀客一同欣赏宁红干茶
外形和色泽。

注水：注水入紫砂壶中。

温壶：利用手腕力量使热水均
匀温烫壶身。

弃水：将温壶的水直接弃入水
盂中。

投茶：借助茶匙将茶荷中的茶
叶拨入茶壶中。

注水：向紫砂壶中注水，没过
茶叶即可。

温盅：迅速将润茶的水倒入茶
盅中。

温杯：将温盅的水低斟入品茗
杯中。

注水：再次向紫砂壶中注水，
浸泡茶叶。

冲泡技巧提示

若紫砂壶较大，为免茶汤过淡，可以增加投茶量或者在一泡注水时减少注水量，这样能平衡
茶汤浓度。

弃水：将温杯的水弃入水盂中。

出汤：将茶壶中的茶汤倒入茶盂中。

斟茶：将茶盅中茶汤低斟入品茗杯中。

品饮：举杯邀客品饮。

知识链接

宁红工夫是我国最早的工夫红茶之一。外形条索紧结，色泽灰而带红，有红筋，稍短碎。香气清鲜，汤色红亮稍浅，滋味尚浓略甜。叶底开展。

❧ 柠檬红茶调饮（一）

备器：准备新鲜柠檬，红茶适量，玻璃茶壶、玻璃杯、茶道六君子、水盂和茶巾。

温壶：向玻璃茶壶中注入适量沸水温壶。

温壶：旋转壶身，使壶身内壁充分预热。

弃水：将玻璃壶温好后，直接将水弃入茶盘中。

投茶：将茶荷中的红碎茶直接投入玻璃壶中。

注水：向玻璃壶中倒入100℃的水，没过茶叶即可。

出水：注水后迅速将壶盅的水倒出。

注水：再次注水入玻璃壶中。

翻杯1：将一侧的玻璃杯翻转，右手拿住玻璃杯底部，左手拿住顶部。

冲泡技巧提示

　　调饮茶是指以茶叶为原料，在辅佐以不同的配料调制出来可以饮用的茶。调饮茶在我国古代时就已有出现，如团茶、饼茶等就要加入不同的作料后烹煮后再饮用。调饮茶主要有两种，第一种是将茶泡好，在茶汤中添加任意佐料；第二种是将佐料同茶叶一同烹煮饮用。

　　用新鲜的柠檬调饮时，柠檬事先在圆的半径上切一刀，倒入红茶茶汤后约1~2分钟就要用茶夹夹出来，放到杯沿上，这样是为了不使茶汤的柠檬味过重，以及避免柠檬闷烂在杯中。

翻杯2：将杯子放到茶盘中，3个杯子在茶盘的对角线上。

放柠檬：用茶夹将柠檬放到玻璃杯中。

出汤：约2～3分钟后，将玻璃茶壶中的茶汤倒进玻璃杯中。

取出柠檬：用茶夹将柠檬取出，放到玻璃杯一侧。

品饮：邀客品饮。

小常识

调饮茶艺虽然没有繁杂的程序，但温烫茶具是必不可少的，柠檬调饮一般用红碎茶，因为出汤快，当然也可以按照个人喜好选择其他茶类。

柠檬红茶调饮（二）

备器、赏茶：在茶荷中准备好红茶，一个奶杯（含奶），一个玻璃茶壶、一个白瓷杯等。

注水：向玻璃茶壶中注入适量沸水温壶。

温壶：摇晃壶身，使壶内壁和内置滤网充分预热。

弃水：温好后，直接将水弃入水盂中。

投茶：将茶荷中的红茶用茶匙拨入玻璃茶壶中。

注水：向壶内中倒入100℃的水，没过茶叶即可。

弃水：将玻璃壶中润茶的水直接倒入水盂当中。

注水：再次向壶内中倒入100℃的水。

出汤：约2~3分钟后，将玻璃茶壶中的茶汤倒进白瓷杯中。

冲泡技巧提示

　　调饮奶茶，茶奶比可以根据个人口味适当调配，奶味和红茶味并重最佳。在冲泡红茶时，如用的是红碎茶，冲泡的时间可适当缩短，因为红碎茶内含物质很容易泡出，冲泡时间过长茶汤浓度会过高，并影响第二次冲泡。

加奶：将奶杯中的牛奶低斟倒进白瓷杯中。

搅拌：用茶针不停搅拌后，即可品饮。

小常识

　　奶茶调饮茶艺当中，还可增加放糖的步骤，既可以在冲泡加奶时放糖，也可以将方糖放在一个干净的碟子当中，供客人自取。

红茶品鉴

1 红茶鼻祖——正山小种

佳茗由来 正山小种属于小种红茶。正山小种红茶又称为拉普山小种红茶，它是世界上最早出现的红茶，首创于18世纪后期。2005年，在正山小种工艺基础上研发出的金骏眉，带动了整个红茶产业的发展。

制作工艺 正山小种的生产工艺包括萎凋、揉捻、发酵、干燥、精制等工序。

最佳产地 福建省武夷山市。

鉴别要点 干茶有松烟香，茶汤有桂圆甜香。

茶叶风味 干茶：外形条索粗壮、长直，身骨重实，色泽乌黑油润，具有松烟香。

香气：松烟香气明显。

汤色：深金黄，呈糖浆状。

滋味：醇厚，类似桂圆汤味。

叶底：厚实光滑，呈古铜色。

保健功效 夏天饮正山小种能止渴消暑，是因为茶中的多酚类、糖类、氨基酸、果胶等与口涎产生化学反应，且刺激唾液分泌，导致口腔觉得滋润，并且产生清凉感。

正山小种中的茶多碱能吸附重金属和生物碱，并沉淀分解。

正山小种干茶

正山小种茶汤

正山小种叶底

小常识

鉴别正山小种的优劣，最直接的方法就是鉴别其内质特征。正山小种冲泡后带有独特的松烟香，如香气不纯或无香气、香气低闷的为劣；汤色如红艳明亮，在茶杯中边缘带有金黄色圈的为上等，汤色浑浊、欠明亮的为劣。

2 秀丽皇后——白琳工夫

佳茗由来 白琳工夫属于工夫红茶。白琳工夫盛于19世纪50年代前后，至今约有150年的历史，那时闽广茶商以白琳为工夫红茶集散地，收购茶叶远销出口。白琳工夫因其独特的外形加上幽雅馥郁的香气，被中外茶人誉为"秀丽皇后"。

白琳工夫干茶

制作工艺 白琳工夫的初制工艺包括采摘、萎凋、搓揉、解块、发酵和烘焙。

最佳产地 福建省福鼎市白琳镇。

白琳工夫茶汤

鉴别要点 滋味醇和，耐冲泡。

茶叶风味 干茶：白琳工夫以福鼎大白茶树、福鼎大毫茶树的一芽二叶为主。制成的干茶外形条索细长、弯曲，白毫多，色泽黄黑。

香气：具有纯毫香气，且带有甘草香。

白琳工夫叶底

汤色：浅而明亮。

滋味：清鲜稍淡。

叶底：鲜红带黄。

保健功效 白琳工夫中的咖啡因通过刺激大脑皮质来兴奋神经中枢，促成提神、思考力集中，进而使思维反应更形敏锐，记忆力增强。用白琳工夫漱口可防滤过性病毒引起的感冒，并预防蛀牙与食物中毒，降低血糖值与高血压。

小常识

在选购白琳工夫时，需要注意以下两点：上等的白琳工夫条索紧细弯曲，显白毫，色泽呈黄黑色；白琳工夫冲泡后茶香醇而持久，且带有甘草香，茶汤以红亮清澈为佳，入口后，滋味应清鲜甜和，如与以上两点相差甚远则谨慎购之。

3 闽红三大工夫茶之首——坦洋工夫

佳茗由来 坦洋工夫属于工夫红茶，是我国四大工夫名茶之一，福建省三大工夫名茶之一，于1851年试制成功，距今已有一百多年的历史。1915年，坦洋工夫与国酒茅台一起荣获巴拿马万国博览会金奖。其声誉达到了一个新的高峰，自其在坦洋村试制成功后，一时声名远扬，驰名中外。远销荷兰、英国、日本、东南亚等二十余个国家与地区。

坦洋工夫干茶

制作工艺 坦洋工夫的生产工艺主要包括鲜叶采摘、萎凋、揉捻、发酵、干燥、精制等工序。

坦洋工夫茶汤

最佳产地 福建省福安境内白云山麓的坦洋村。

鉴别要点 耐泡，浓而不苦。

茶叶风味 干茶：坦洋工夫外形条索细薄而飘，色泽乌黑有光，有白毫。

香气：清香高爽。

汤色：深金黄。

滋味：清鲜甜和。

叶底：光滑。

坦洋工夫叶底

小常识

在选购坦洋工夫时，先看外形：上等的坦洋工夫条索细薄，显白毫，色泽乌黑有光，如干茶色泽暗淡且碎末较多则品质差。再试泡：冲泡后香气较低，但细嗅清香持久，如香气不纯或香气低闷则品质较差；茶汤颜色以金黄色且颜色深的为佳，如汤色浑浊且暗淡则品质较差；入口后，滋味应清鲜甜和，如苦涩、无回甘则品质较差。

保健功效 坦洋工夫红茶中的多酚类物质有抑制破坏骨细胞物质的活力，能预防骨质疏松，有强壮骨骼的功效。坦洋工夫中的多酚类、糖类、氨基酸、果胶等与口涎产生化学反应，且刺激唾液分泌，导致口腔觉得滋润，并且产生清凉感。

4 国内高端红茶——金骏眉

佳茗由来 金骏眉属于小种红茶。金骏眉首创于2005年，它是在武夷山正山小种红茶传统工艺基础上进行改良，采用创新工艺研发的高端红茶，它的诞生也填补了国内市场没有高端红茶的空白。

制作工艺 金骏眉经过萎凋、摇青、发酵、揉捻等加工步骤制作而成。

最佳产地 福建省武夷山桐木关。

鉴别要点 香气浓郁，茶汤放久后又金圈。

茶叶风味 干茶：外形条索紧结、重实，色泽金、黄、黑。

香气：花果蜜香。

汤色：金黄，有金圈。

滋味：鲜活甘爽。

叶底：芽尖舒展，秀挺亮丽。

保健功效 金骏眉茶叶中的咖啡因和茶碱具有利尿作用，可用于治疗水肿、水滞瘤。茶中的咖啡因、肌醇、叶酸、泛酸和芳香类物质等多种化合物，也能调节脂肪代谢，茶多酚和维生素C能降低胆固醇和血脂，起到减肥的效果。

金骏眉中的茶多酚和鞣酸还可以作用于细菌，能凝固细菌的蛋白质，将细菌杀死。皮肤生疮、溃烂流脓，外伤破了皮肤，用浓茶冲洗患处，有消炎杀菌作用。

金骏眉干茶

金骏眉茶汤

金骏眉叶底

小常识

金骏眉极耐泡，可以冲泡10次以上，而仿制的金骏眉则在3泡后就无滋无味了。好的金骏眉汤色应为金黄色，且清澈透亮，差的则汤色浑浊。

5 上品闽红工夫——政和工夫

佳茗由来 政和工夫属于工夫红茶，与白琳工夫、坦洋工夫并称为闽红三大工夫红茶，以政和工夫为首。政和工夫诞生于1826年，目前主要出口给俄罗斯、美、英、法等国家。

制作工艺 政和工夫的制作经萎凋、揉捻、发酵、干燥四道工序。

最佳产地 福建省北部政和县。

鉴别要点 干茶毫心显露，香味俱佳。

茶叶风味 干茶：政和工夫的茶树有大茶和小茶之分，大茶采摘政和大白茶一芽一叶，小茶采摘小叶茶树一芽一叶。大茶外形条索紧结、圆实；小茶条索紧细。两种茶色泽灰黑。

香气：高而带鲜甜。

汤色：鲜红。

滋味：醇厚。

叶底：肥壮尚红。

保健功效 政和工夫漱口可防滤过性病毒引起的感冒，并预防蛀牙与食物中毒，降低血糖值与高血压。

政和工夫中的咖啡因通过刺激大脑皮质来兴奋神经中枢，促成提神、思考力集中，进而使思维反应更形敏锐，记忆力增强。

政和工夫干茶

政和工夫茶汤

政和工夫叶底

小常识

根据其采摘茶树品种不同，政和工夫可分为大茶和小茶两种。大茶采摘自政和大白茶，香气持久；滋味醇厚；叶底肥壮尚红。小茶采摘自小叶种茶树，香似祁红香；滋味醇和；叶底红匀。一般来说小茶品质不及大茶。

6 金圈与冷后浑——滇红工夫

佳茗由来 云南红茶的历史相对较短。在1937年，云南省凤庆县的凤山开始试制红茶，通过不懈的努力，在1939年第一批红茶试制成功。因为云南简称滇，所以云南红茶被定名为滇红。滇红属于工夫红茶。滇红工夫茶原料为大叶种。滇红工夫主要销往俄罗斯、波兰等东欧国家，以其香高味浓的品质著称于世，是中国工夫红茶的代表之一。

滇红干茶

制作工艺 滇红工夫是茶树鲜叶经过萎凋、揉捻、发酵、干燥四个工序加工而成。

滇红茶汤

最佳产地 云南省凤庆、临沧、双江。

鉴别要点 干茶茸毫显露。

茶叶风味 干茶：外形条索紧结、肥壮、重实，毫多而匀整，色泽乌润，略带红褐。

香气：高鲜。

汤色：红艳明亮，带有金圈。

滋味：浓厚，刺激性强。

叶底：肥厚，红艳明亮。

滇红叶底

保健功效 滇红工夫中的多酚类化合物具有消炎的效果，儿茶素类能与单细胞的细菌结合，使蛋白质凝固沉淀，借此抑制和消灭病原菌。

滇红工夫中的咖啡因和芳香物质能增加肾脏的血流量，提高肾小球过滤率，扩张肾微血管，并抑制肾小管对水的再吸收，促成尿量增加。

小常识

滇红因采制时期、产地的不同，其品质特征也有所区别，一般春茶比夏、秋茶好，产地以滇西茶区的云县、凤庆、昌宁为佳，该地区产的滇红香气持久，带有兰花香，滋味醇厚，回味鲜爽，是滇红中的极品。

7 "群芳最"——祁红工夫

佳茗由来 祁红是红茶中的极品，属于工夫红茶。祁红至今已有100多年的历史，有"群芳最"和"红茶皇后"的美称。在英国，祁红受到英国女王及王室成员的喜爱，同时在2010年的上海世博会上，祁红成为指定用茶。

制作工艺 祁红的制造包括萎凋、揉捻、发酵、烘干等工序。精致包括毛筛、抖筛、分筛、紧门、撩筛、切断、风选、拣剔、补火、清风、拼和、装箱。

最佳产地 安徽省祁门及周边各县。

鉴别要点 内质香气浓郁高长，有独特的"祁门香"。

茶叶风味 干茶：外形条索紧细、稍弯曲，有峰苗，色泽乌润，微泛灰光。

香气：独特，类似蜜糖或苹果的香气，被誉为"祁门香"。

汤色：红亮。

滋味：鲜醇带甜。

叶底：鲜红明亮。

保健功效 祁红是经过发酵烘制而成的，茶多酚在氧化酶的作用下发生酶促氧化反应，含量减少，对胃部的刺激性也随之减小。

祁红中的咖啡因通过刺激大脑皮质来兴奋神经中枢，促成提神、思考力集中，进而使思维反应更加敏锐，使记忆力增强。

祁红干茶

祁红茶汤

祁红叶底

小常识

新茶刚采摘回来，存放时间短，含有较多的未经氧化的多酚类、醛类及醇类等物质，这些物质对胃肠功能差，尤其对于本身就有慢性胃肠道炎症的患者来说，会刺激胃肠黏膜，原本胃肠功能较差的人更容易诱发胃病。因此新茶不宜多喝。

8 高香红茶——宜红工夫

佳茗由来 宜红为宜红工夫茶的简称，属于工夫红茶。茶圣陆羽曾在《茶经》中把宜昌地区的茶叶列为山南茶之首。宜红问世于19世纪中叶，至今有百余年历史。宜红工夫主销英国、俄国及西欧等国家和地区，品质稳定，声誉极高，已成为宜昌、恩施两地区的主要土特产品之一，产量约占湖北省总产量的三分之一。

制作工艺 宜红的制作经过了萎凋、揉捻、发酵、干燥等工序。

最佳产地 湖北省宜昌、恩施地区。

鉴别要点 香气甜纯。

茶叶风味 干茶：宜红外形条索紧细，有毫，色泽乌润。

香气：香气甜纯似"祁门香"。

汤色：红亮鲜活。

滋味：鲜醇。

叶底：匀整、红亮。

保健功效 宜红工夫中的多酚类化合物能抑制细菌繁殖，具有消炎的功效。

饮用宜红工夫，可以改善心脏血管的血流速度，增加血管扩展，起到舒张血管的功效。

宜红干茶

宜红茶汤

宜红叶底

小常识

可将买回的宜红分成若干小包，装于事先准备好的茶叶罐或筒里，最好一次要装满盖上盖，在不用时不要打开，用完把盖盖严。

9 工夫红茶后起之秀——川红工夫

佳茗由来 川红产自于四川省宜宾等地，宜宾地势北高南低，且土壤多为黄泥河紫色沙土，气候温和，雨量充沛，利于茶树的生长，属于工夫红茶。川红工夫首创于20世纪50年代，自问世以来，在国际市场上享有较高的声誉，50多年间畅销俄罗斯、法国、英国、德国及罗马尼亚，是中国工夫红茶的后起之秀。

制作工艺 川红的制作有萎凋、揉捻、发酵、干燥四道工序

最佳产地 四川省宜宾市筠连县、高县等地。

鉴别要点 冲泡后香气中带有橘子香。

茶叶风味 干茶：川红外形条索紧结，壮实美观，有锋苗，色泽乌润，毫多。

香气：鲜爽，带橘子香。

汤色：红亮。

滋味：鲜醇爽口。

叶底：匀整。

保健功效 川红工夫中的咖啡因通过刺激大脑皮质来兴奋神经中枢，达到提神、集中思考力、增强记忆力的功效。

川红工夫中的茶多酚的氧化产物能够促进人体消化，川红工夫加入牛奶，能消炎、保护胃黏膜，对治疗溃疡也有一定效果。

川红干茶

川红茶汤

川红叶底

小常识

冲泡川红的水源选择很重要，不然将会影响茶水的质量。应选用山泉水、井水、纯净水等含钙镁低的"软水"来冲泡，以保证水质新鲜，无色无味且含氧量高。最高品质的川红工夫红茶最好不用自来水冲泡。

10 著名红茶——宁红工夫

佳茗由来 宁红工夫是我国最早的工夫红茶之一,《义宁州志》记载:"清道光年间（1821—1850）,宁茶名益著,种莳殆遍乡村,制法有青茶、红茶、乌龙白毫、茶砖各种。"

制作工艺 宁红工夫的制作有萎凋、揉捻、发酵、干燥四道工序。

最佳产地 江西省修水县。

鉴别要点 香气甜纯。

茶叶风味 干茶:条索紧结,有红筋,色泽灰而带红。

香气:清鲜。

汤色:红亮稍浅。

滋味:尚浓略甜。

叶底:开展。

保健功效 宁红工夫中的咖啡因和芳香物质能增加肾脏的血流量,提高肾小球过滤率,扩张肾微血管,并抑制肾小管对水的再吸收,增加尿量。

宁红工夫中的茶多碱能吸附重金属和生物碱,并沉淀分解。

宁红干茶

宁红茶汤

宁红叶底

小常识

冲泡宁红工夫可选用紫砂茶具、白瓷茶具和白底红花瓷茶具。品饮时要细品慢饮,可做三口喝,仔细品尝,探知茶中甘味。

11 红茶珍品——九曲红梅

佳茗由来 九曲红梅产于杭州灵山，至今已有百余年的历史。据说太平天国期间，福建武夷农民纷向浙北迁徙，在灵山一带落户，开荒种粮、栽茶，以谋生计。南来的农民中有的善制红茶，所制红茶为杭城茶行、茶号收购，沿袭至今。

九曲红梅干茶

制作工艺 一般采摘一芽二叶初展为主。制作工艺包括鲜叶采摘、杀青、发酵、烘焙。

最佳产地 浙江省杭州西湖区周浦乡的湖埠、张余、冯家、灵山、社井、仁桥、上阳、下阳、上堡、大岭一带，以湖埠大坞山所产品质最佳。

九曲红梅茶汤

鉴别要点 冲泡后香气中带有橘子香。

茶叶风味 干茶：外形条索紧细、弯曲，色泽乌润，满披金毫。

香气：馥郁。

汤色：鲜亮。

滋味：浓郁。

叶底：红艳成朵。

九曲红梅叶底

保健功效 九曲红梅属于红茶，经常饮用可以温中祛寒，还能化痰消失、开胃等，但脾胃不好的人最好不要饮用红茶。

小常识

九曲红梅的储存，可以将茶叶置于低温、干燥、无氧、不透光的环境下储存即可，切勿与他物放置一起，贮存容器场所均需无异味，否则茶叶会完全变质。

第五章

识青茶，品佳茗

青茶又称作乌龙茶，属于半发酵茶和全发酵茶，品种较多，是中国几大茶类中独具鲜明特色的茶叶品类。青茶是经过了采摘、萎凋、摇青、炒青、揉捻、烘焙等工序制作而成的。

青茶的萎凋是为了适当地蒸发水分，还能加速鲜叶内化学变化，为去除苦涩味，提高茶叶香气做准备。萎凋的方法有日光萎凋和室内加温萎凋两种。

青茶的做青过程是其品质形成的特有工序，也是关键工序。它的意义有三点。一是增加茶叶内有效成分的含量，为青茶味浓耐泡、香气高长提供基础。二是使叶缘细胞组织损伤而变红。三是将香气由青草香变为兰花香和桂花香。

青茶的炒青过程，是通过高温抑制酶促氧化，并使叶片柔软便于揉捻。同时有利于形成特殊的香气。

青茶在炒青过后，叶片变得柔软即可进行揉捻了，揉捻是青茶的塑形工序，对茶叶内质也有一定的影响。

青茶用烘焙法来干燥，是青茶品质形成的重要工序。

青茶的萎凋

青茶的做青

青茶分类

青茶的划分主要是根据产地的不同来分，产地的不同制作工艺上也会有很大的不同，也就有各自的特点。按其产地不同可分为武夷岩茶、闽北青茶、闽南青茶、广东青茶、台湾青茶等。

✿ 武夷岩茶

武夷岩茶主要产于武夷山，山中多岩石，而茶树就生长在岩石之中，因此被称为"武夷岩茶"。主要有大红袍、武夷水仙、武夷肉桂。

武夷岩茶

✿ 闽北青茶

闽北青茶主要产于崇安、建瓯、建阳、水吉等地，闽北青茶中以水仙和乌龙的品质较好。闽北青茶的主要品种包括闽北水仙（崇安水仙、建瓯水仙、水吉水仙）和闽北乌龙。

闽北青茶

✿ 闽南青茶

闽南青茶主要产于福建南部的安溪区、永春县、平和县等地。其中以安溪铁观音为代表。其他有毛蟹、黄金桂、本山、永春佛手等品种。

闽南青茶

✿ 广东青茶

广东青茶主要分布在潮州市的潮安区、饶平县，揭阳市的普宁、揭西，梅州地区的梅县、大埔县、丰顺县等地。主要品种有单枞、水仙、乌龙等。

广东青茶

✿ 台湾青茶

台湾青茶产于台北、桃园、新竹、苗栗、宜兰等县。产品分为包种和乌龙。包种的发酵程度较轻，包括文山包种茶和冻顶乌龙等。乌龙的发酵程度较重，包括台湾铁观音、白毫乌龙茶等。

台湾青茶

闽北青茶和闽南青茶有何区别

闽北青茶和闽南青茶首先在产地上有所不同，闽南青茶产于福建南部，闽北青茶产于福建北部。其次，加工工艺不同，闽南青茶发酵程度相对轻些，闽北青茶的发酵程度高些，因此前者茶汤相对清黄，后者相对橙黄。从外形上看，闽南青茶多经包揉工序，外形条索卷曲或圆结，闽北青茶无包揉工序，外形呈条形。最后二者品质特征不同。闽南青茶系，主要以香气见长。而闽北青茶系则是以水醇为胜。

闽北青茶和闽南青茶还可在茶叶底上区分，闽北青茶冲泡后的叶底为"三分橙七分绿"，而闽南青茶则是"绿叶红镶边"。叶底也是区分两个产地青茶的重要方法。

何为观音韵

观音韵是铁观音特有的一种品质特征，它因品茶人的感受不同而不同，有只可意会不可言传的遗憾。

观音韵首先是从闻香开始的，有盖香、杯香、汤香和叶底香，犹如梅似兰的香气，这种香气能穿透你的五脏六腑，流入每个细胞中，让你感受到铁观音香气的"雅"。

观音韵其次是在品滋味上，铁观音从入口到喉底，有一种平淡而又神秘的味道。

观音韵最后乃回甘，铁观音的回甘与其他品种不同，铁观音的赶回带有"气"的感觉，这种特有的"气"停留在喉咙与鼻孔之间长时间保留。

福建安溪人品铁观音，以观音韵来评价铁观音的好坏，如果铁观音的观音韵很重，则说明铁观音的特性明显，是优质茶。如观音韵淡，则说明铁观音的特性不明显，茶为普通茶。

何为岩韵

岩韵是指武夷岩茶中具有岩骨花香韵味的这一特征的总称。岩韵明显的差在冲泡7~8次后依然有浓重的香味。

岩韵可以归纳成"香、清、甘、活"四个字。"香"是指岩茶的香气，包括真香、兰香、清香和纯香。"清"是指汤色清澈艳亮，茶味清醇顺口，回甘清甜持久，茶味中没有任何异味。"甘"是指茶汤滋味醇厚，回味甘怡。"活"是指品饮武夷岩茶时特有的心灵感受。

✿ 大红袍从何而来

大红袍的历史传说有很多，其中最广为流传的是说：明朝年间有一位上京赶考的举人在路过武夷山时，突发疾病，腹痛难忍，当时有一位来自武夷山天心岩天心寺的老僧人，他取出了采摘自寺旁边岩石上的茶叶泡给举人喝，那举人喝过之后便疼痛消失，不药而愈。

后来举人中了状元，为了感谢老僧人，专程到武夷山答谢。老僧人说此茶可治百病，他便请求采制一盒进贡给皇上。第二天清晨，寺庙开始烧香点烛、鸣钟击鼓，召来寺内和尚，向九龙窠出发。众人在茶树下焚香烧拜之后，齐声高喊"茶发芽"，然后便采下芽叶，精心制作后装入锡盒中，让状元带着茶叶进京，恰巧遇皇后肚疼鼓胀，卧床不能起身，状元便将茶献给了皇后服下，果然饮过茶之后，病痛即好。皇帝大悦，并将一件大红袍交给状元，让他回到武夷山代表皇帝去封赏。状元回到武夷山后，就随同众人来到九龙窠，命一当地樵夫爬山半山腰，将皇帝赐的大红袍披在了茶树上，以示皇恩。说也奇怪，等到掀开大红袍时，三株茶树的芽叶在阳光照射下闪着红光，众人说这是大红袍给染红的。后来人们就把这三株茶树叫作"大红袍"。从此，当地的大红袍成了年年进贡的贡茶。

如今，武夷山大红袍已经被国家博物馆收藏，不仅是因为母树大红袍不再采摘，更是因为以它为代表的乌龙茶，在中国乃至是世界茶叶史上都有着极其深远的影响。历史上的大红袍，本来就少，而被公认的大红袍，仅是九龙窠岩壁上的那几棵。茶叶产量最高的年份也不过几百克。2009年至2010年初，大红袍茶叶的价格被炒到每斤10万元，后来才逐渐恢复正常。2013年5月，武夷山市政府就大红袍正式向联合国教科文组织申报世界非物质文化遗产。

武夷大红袍母株

铁观音有哪些香型

铁观音的香型可以分为五种，分别是清香型、浓香型、鲜香型、炭焙型和韵香型。

清香型："清汤绿水"的清香型铁观音是最具有代表性的，也是最受消费者喜爱的铁观音香型，符合市场口感。清香型铁观音在轻发酵时要求焙火较轻，茶叶中的水分保留较多。强调干茶叶色翠绿、香气明显且要高纯、冲泡后清汤绿水，口感清淡。清香型铁观音适合日常冲泡，一般可冲泡6~7次。

浓香型：浓香型铁观音属于传统的半发酵茶，其焙火较重，具有传统的浓香。浓香型铁观音的口感较重，要求干茶外形色泽上轻黑，冲泡后香气浓，茶汤浓，浓香型铁观音因为口感重，适合资深的茶友饮用。一般可以冲泡8~9次。

鲜香型：鲜香型铁观音属于流行的轻发酵茶，适合刚接触铁观音的消费者饮用。鲜香型铁观音在发酵时，也要求焙火较轻，茶叶中的水分较大程度的保留，强调干茶颜色翠绿，捧在手中要有一股鲜香味，冲泡后汤色清汤绿水，香高味醇，并极具欣赏价值。鲜香型铁观音适合个人饮用，一般可以冲泡6~7次。

炭焙型：炭焙型铁观音比浓香型铁观音在焙火上有重了一个级别，是在其基础上再次加木炭进行5~12个小时烘焙的。炭焙型铁观音要求带有强烈的火香味，茶汤颜色深黄，口感要顺滑。炭焙型铁观音的口感和香气一般是资深茶友的选择，一般人接受程度不高。

韵香型：韵香型铁观音是介于浓香型和清香型之间新推出的铁观音品类，在传统铁观音的基础之上加到10小时左右的焙火，即能发展香气，又能提高滋味的醇度。其结合了清香型铁观音的香气又有浓香型铁观音的纯正耐泡。韵香型铁观音的原产都是经过精细挑选的，茶叶发酵充足，具有传统的"浓、韵、润、特"的口味，且香气高，回甘明显，音韵足。经过长期的发展，韵香型铁观音越来越受到茶友的喜爱，适合口感较重的人饮用。一般可以冲泡7~8次。

青茶
茶艺

青茶，距今已有一千多年的悠久历史。它的茶条肥壮呈螺钉形，紧结重实，适合用紫砂壶、瓷器茶具等冲泡，冲泡青茶时，还常常会用到闻香杯嗅闻茶香。

碗杯冲泡武夷肉桂

备器：准备茶具和茶叶。

赏茶：欣赏武夷肉桂外形、色泽。嗅闻干茶香。

注水：向盖碗中注入适量沸水。

温碗：利用手腕力量摇动碗身，使其内部充分预热。

温杯：将温盖碗的水循环倒进品茗杯中。

投茶：用茶匙将茶荷内武夷肉桂拨到茶壶中。

冲泡技巧提示

在温碗、温品茗杯、低斟分茶时，一般的顺序是从左到右，第一次规定一个方向后，在接下来的整个泡茶过程中不再改变。这样既显得礼貌又规矩。

注水：注入沸水没过茶叶，温润茶叶。

温杯：再次将润茶的水低斟到品茗杯中。

注水：高冲注入沸水，至满壶，如有茶沫，用壶盖轻轻刮去即可。

弃水：将温杯的水直接弃入茶船中。

擦拭：弃水后，将品茗杯放到茶巾上按一下，让茶巾将水渍吸干。

出汤：将盖碗内茶汤循环低斟入品茗杯中。

沥干：将盖碗内的茶汤沥干。

品饮：举杯邀客品饮。

小常识

高冲注水一般会有茶沫出现，这时可用壶盖轻轻刮去，刮去后再用清水清洗干净。清洗时，将壶盖移到水盂上方，右手持壶，倒水即可，注意倒水要轻，以免水温太高，而烫伤手。

冲泡技巧提示

在斟茶入杯的过程中，盖碗的倾斜角度不宜过大，同时要留点时间给盖碗，让盖碗慢慢滴尽茶汤，切不可着急，而不停地抖动盖碗，这样既不礼貌，也毫无动作美。

知识链接

武夷肉桂在清代就有其名，最早是武夷慧苑的一种名枞。由于肉桂茶树所产茶叶品质独特，而逐渐被人们所追从，茶园面积不断扩大，目前已经成为武夷岩茶的主要品种之一。

武夷肉桂外形条索卷曲、匀整，色泽绿褐、油润。汤色橙黄、清澈，香气带有花果香，滋味醇厚回甘。叶底嫩绿匀整。

碗盅双杯冲泡铁观音

赏茶：取适量铁观音干茶置于茶荷，欣赏其外形、色泽。

注水：向盖碗中注入适量沸水。

荡碗：利用手腕力量摇荡杯身，使其内壁充分预热。

弃水：荡碗过后即可将水弃入水盂中。

投茶：将茶荷中的铁观音用茶匙缓缓拨入盖碗中。

注水：注水入盖碗，没过茶叶即可。

温盅：注水后迅速将水倒入茶盅中。

注水：再次注水浸泡茶叶。

温闻香杯：将茶盅内的水低斟入闻香杯中。

出汤：将茶盅内水倒出后即可出汤。

夹杯：拿取茶夹夹住闻香杯。

小常识

用茶夹夹闻香杯和品茗杯时，要注意夹的方式，切不可在冲泡的过程中将闻香杯或品茗杯脱落。如茶夹使用不顺，则可以直接用手操作，用手操作忌碰到杯口。

温杯：将闻香杯中的水倒入对应的品茗杯中。

弃水：用茶夹将温杯的水弃入水盂中。

擦拭：在弃水时一般会有水滴留在杯底，这时可用茶巾稍加擦拭。

斟茶：将茶盅内茶汤分斟入闻香杯中。

倒扣：将品茗杯倒扣到闻香杯上。

举杯：双手拇指按住品茗杯底部，食指和中指夹住闻香杯。

翻转：利用手腕力量翻转闻香杯和品茗杯。

旋转：左手拿捏住品茗杯身，右手拇指和食指用力轻轻旋转出汤。

闻香：双手掌心搓揉闻香杯闻香。

看汤色：将品茗杯靠近脸部，观看茶汤色泽。

品饮：品饮茶汤。

小常识

碗盅双杯泡茶法是冲泡青茶特有的茶艺，如铁观音、冻顶乌龙等，双杯是指品茗杯和闻香杯。

冲泡技巧提示

在闻香时将闻香杯靠近鼻端嗅闻茶香，掌心搓揉，这样能使闻香杯中的香气不至于消散得太快。闻香时，脸部不动，双手平行移动闻香杯，靠近鼻端，不宜太近也不宜太远。当闻香杯靠近时用力吸气不吐气，移开后再吐气，如此往复2~3次即可完成闻香的过程。

铁观音所用茶具，宜小不宜大，茶具太大浪费茶叶，且一次倒进的开水过多，导致茶叶易被烫熟，影响茶汤气味、滋味等。选择茶具以陶器、瓷器最佳，玻璃次之，金属最差。

知识链接

铁观音因为其独特的"观音韵"，而有着"七泡余香溪月露，满心喜乐岭云涛"的美誉。

安溪铁观音外形呈颗粒状，身骨重实，色泽砂绿翠润。香气清高馥郁，有兰花香，汤色清澈金黄，滋味醇厚甜鲜。叶底肥厚软亮。

壶杯冲泡凤凰单枞

赏茶：取适量凤凰单枞干茶置于茶荷，欣赏其外形、色泽。

温壶：向壶中倒入适量热水进行温壶。

荡壶：利用手腕力量摇荡杯，使其内壁充分预热。

温杯：将温壶的水循环倒进茶船上的品茗杯中。

投茶：将茶荷中茶叶用茶匙缓缓拨入壶中。

注水：将95℃~100℃热水注入壶中，水不宜过多，以刚好没过茶叶为宜。

出水：将润茶的水迅速循环倒进品茗杯中。

注水：再次向紫砂壶中注水至满壶。

小常识

在荡壶时，左手触摸的壶底，如果温度过高，可以左手拿茶巾抵住壶底，进行荡壶。

在拿随手泡时，也可以用茶巾隔热。

冲泡技巧提示

在福建、广州一带，经常会使用茶船，茶船的功能类似于茶盘，是用来盛放茶壶、茶杯等。但与茶盘又有所区别，茶船有茶盘和水盂的双重功能。在泡茶过程中即可做装饰，又能防止茶壶烫伤茶桌。

冲泡凤凰单枞与其他的茶叶有一定的区别，其冲泡难度高、手法讲究，如冲泡不得当很容易造成苦涩。其最大的特点就是要快，润茶要快、出汤要快，动作要起承转合、刻不容缓。

弃水：双手持杯，直接将杯高提弃水，将水弃入茶船中。

出汤：1～3分钟即可将茶壶内的茶汤倒出，此步骤又称为"关公巡城"。

韩信点兵：将茶壶中循环滴进杯中，使茶汤浓度均匀。

擦拭：在以上泡茶的过程中，茶杯底部一般会留有水渍，这时用茶巾擦拭，再献给人。

品饮：行伸掌礼，邀客品饮。

小常识

每次邀客品饮前，要把第一杯茶给自己，第二杯再给宾客，以此表达对宾客的敬意。

冲泡技巧提示

功夫茶是指泡茶、品茶上的讲究，如煮茶用水就有"山水为上，江水为中，井水为下"。潮汕地区，基本家家户户都有功夫茶具，每天必须饮上基本茶，才算圆满。

在功夫茶的泡茶过程中，经常听到"关公巡城、韩信点兵"这两个借鉴用语。

"关公巡城"是指将四个品茗杯紧靠在一起，用茶壶循环斟茶，此动作如同巡城的关公，其目的是将品茗杯中茶汤量和浓度均匀地分配，以免厚此薄彼。巡城将尽时，将壶中的茶汤滴入每一杯中，此称为"韩信点兵"。

知识链接

　　凤凰单枞有天然的兰花香，其叶底有"绿叶红镶边"之称。外形条索肥壮紧结、重实，色泽带褐。香气清高，汤色橙黄，滋味浓爽回甘。

壶盅双杯冲泡闽北水仙

备器：准备好所需茶具和冲泡的水仙。

赏茶：取适量水仙干茶置于茶荷，欣赏其外形、色泽。

注水：向茶壶中注入适量沸水进行温壶。

荡壶：双手拿茶壶，利用手臂力量温烫壶内壁。

弃水：将温壶的水弃入水盂，弃水时可将壶盖内侧温烫。

投茶：将茶荷中茶叶用茶匙缓缓拨入茶壶中。

注水：将95℃～100℃热水注入茶盅中，没过茶叶即可。

温盅：注水后迅速将水倒入茶盅中。

擦拭：将茶壶放到茶巾上方，利用茶巾的吸收性将壶底水渍吸干。

注水：再次注水至满壶。

去滤网：将滤网从茶盅上放回滤网架上，取时在茶盅上面停留片刻，待滤网底部水沥干，再放回。

小常识

有些功夫茶壶的壶口较小，可以借助茶漏扩大壶口面积，这样在投茶时，就不会让干茶掉落在外面。

温闻香杯：将茶盅内的水低斟入闻香杯中。

温杯：将闻香杯中的水倒入对应的品茗杯中。

出汤：将茶壶内泡好的茶汤通过过滤网倒进茶盅中。

弃水：出汤后，即可慢慢用茶夹将温杯的水弃入水盂中。

斟茶：将茶盅内茶汤分斟入闻香杯中。

倒扣：将品茗杯倒扣到闻香杯上。

旋转：左手拿捏住品茗杯身，右手拇指和食指用力轻轻旋转出汤。

闻香：单手掌心握住闻香杯闻香。

品饮：先看汤色，将品茗杯靠近脸部，观看茶汤色泽，再品饮茶汤。

翻转：双手拿杯，食指和中指夹紧闻香杯杯身，大拇指按住品茗杯杯底，进行翻转。

小常识

在泡茶的过程中，都会用到滤网，在取滤网或放回滤网时，动作要有一个弧度，放回时，应原路线放回。

冲泡技巧提示

　　壶盅双杯泡茶法与碗盅双杯泡茶法类似，是指使用一把茶壶、一个茶盅、数个品茗杯和对应数量的闻香杯冲泡茶叶的过程。一般都是成套的紫砂茶具，而茶壶多为小壶。

　　如果使用的不是配套好的茶具，则需要事前估算茶壶、茶盅、闻香杯和品茗杯对应的量是否一致，以免在泡茶过程中导致最后一杯无茶汤的情况出现。

　　在冲泡的过程中，如有用到带把的玻璃杯（品茗杯）或有诗文、图案的杯子，则在茶艺展示过程中，图案等应对着来客，带把的杯子在敬茶时则要将有把的一边放到来客的右手边，这样既礼貌也能方便客人品饮茶汤。

知识链接

　　闽北水仙的产制已有百余年的历史，外形条索紧结、重实，色泽油润，间带砂绿蜜黄。香气浓郁，有兰花香，汤色橙红清澈，滋味醇厚鲜爽回甘。叶底肥软黄亮。

碗杯单杯冲泡金萱乌龙

赏茶：取适量金萱乌龙干茶置于茶荷，欣赏其外形、色泽。

翻盖：将碗盖由外向里翻转过来。

注水：低斟注水，让水流从碗盖和碗身的空隙中流入。

复盖：用茶针将碗盖翻转过来。

温碗：复盖后温碗，温碗后直接将水弃入水盂中。

投茶：将茶荷中的金萱乌龙用茶匙缓缓拨入盖碗中。

注水：将95℃~100℃热水注入盖碗中，没过茶叶即可。

温盅：将润茶的水直接倒入茶盅内温盅。

小常识

复盖时，右手如握笔状取茶针，左手手背面向前方，轻轻扣在碗盖沿一侧，右手茶针由内向外波动，使碗盖顺时针翻转过来，同时左手顺势拿住盖钮。该动作要一气呵成，切忌不可动作太快导致碗盖脱离或动作太慢给人一种拖拉感。

冲泡技巧提示

温盖碗时翻盖时，注意要让碗盖和碗身之间留有一定的空隙，否则水流将不能通过空隙留到碗内。在注水入盖碗时，注入速度宜慢，且低斟注水，不可高冲注水，以免水滴到处飞溅。

注水：再次注水泡茶，注水量以至碗沿为止。

温杯：将茶盅内的水直接倒入品茗杯中温杯。

出汤：约1~3分钟后即可出。

弃水：用茶夹将温杯的水弃入水盂中。

斟茶：将茶盅内茶汤分斟入品茗杯中温杯。

品饮：举杯邀客品饮。

碗盅单杯冲泡黄金桂

备器：准备黄金桂干茶、盖碗、茶盅、品茗杯等茶具。

赏茶：取适量金萱乌龙干茶置于茶荷，欣赏其外形、色泽。

注水：向盖碗中注入适量沸水。

荡碗：利用手腕力量摇荡杯身，使其内壁充分预热。

投茶：用茶匙将茶荷内茶叶拨入盖碗中。

注水：注入沸水，以刚好没过茶叶为好。

温盅：注水后迅速将水倒入茶盅内，温盅。

注水：将95℃~100℃热水注入盖碗中，没过茶叶即可。

小常识

在茶艺表演的过程中，滤网的拿取是一个很频繁的事，一般是随取随用，用好后就放回到滤网架上，在泡茶的过程中，切忌不要中断，所以在冲泡前就要将滤网和滤网架放在手拿适合的位置上。

冲泡技巧提示

在茶艺表演的过程中，弃水并不是简单地将水倒进水盂即可，这样做既不美观也容易将水溅到外面。弃水时，应用拇指同食指拿捏住杯身，用中指抵住杯底，将品茗杯平移到水盂上方后，再利用中指的力量轻轻推动杯身，而其余手指是不动的。另外在弃水时忌将杯底朝向客人。

温杯：将茶盅内的水分斟入品茗杯中温杯。

出汤：将茶盅内的水分斟入品茗杯后，即可出汤。

弃水：用手或茶夹将温杯的水弃入水盂中。

斟茶：将茶盅内茶汤分斟入品茗杯中。

品饮：举杯邀客品饮。

小常识

黄金桂也称为"黄旦"或"黄金贵"，是青茶中发芽最早的。黄金桂因其汤色金黄色有奇香似桂花，故名黄金桂，是乌龙茶中风格有别于铁观音的又一极品。

知识链接

黄金桂外形条索紧细、匀整，色泽金黄润亮。香气高锐鲜爽，带有桂花香，汤色浅金黄明亮，滋味浓爽。叶底嫩黄明亮。

碗盅双杯冲泡冻顶乌龙

备器：准备茶具和茶叶。

赏茶：取适量冻顶乌龙干茶置于茶荷，欣赏其外形、色泽。

注水：向盖碗中注入适量沸水。

荡碗：利用手腕力量摇荡杯身，使其内壁充分预热。

弃水：荡碗过后即可将水弃入水盂中。

投茶：将茶荷中的冻顶乌龙用茶匙缓缓拨入盖碗中。

注水：注水入盖碗，没过茶叶即可。

温盅：注水后迅速将水倒入茶盅中。

注水：再次注水浸泡茶叶。

温闻香杯：将茶盅内的水低斟入闻香杯中。

出汤：将茶盅内水倒出后即可出汤。

温杯：拿取茶夹夹住闻香杯。将闻香杯中的水倒入对应的品茗杯中。

温杯：利用手腕力量拿捏住茶夹，转动杯身，使杯内壁充分预热。

弃水：用茶夹将温杯的水弃入水盂中。

斟茶：将茶盅内茶汤分斟入闻香杯中。

倒扣：将品茗杯倒扣到闻香杯上。

举杯：双手拇指按住品茗杯底部，食指和中指夹住闻香杯。

翻转：利用手腕力量翻转闻香杯和品茗杯。

旋转：左手拿捏住品茗杯身，右手拇指和食指用力轻轻旋转出汤。

闻香：双手掌心搓揉闻香杯闻香。

品饮：将品茗杯靠近脸部，观看茶汤色泽，举杯邀客品饮。

冲泡技巧提示

　　冲泡乌龙茶、包种茶或普洱茶，由于叶片较粗大，每次茶叶用量较多，茶叶投入量约茶壶容量之1/3~2/3左右，须用沸水泡，才能把茶中有效成分浸泡出来，使得茶味浓厚、甘醇，增加茶汤品质。冻顶乌龙具有明显的桂花香，且香气清高持久，在冲泡的过程中，冲泡时间由短变长，时间长短不同会导致茶汤品质不同。

小常识

　　冻顶乌龙所用茶具时，宜小不宜大，茶具太大浪费茶叶，且一次倒进的开水过多，会导致茶叶易被烫熟，影响茶汤气味、滋味等。

知识链接

冻顶乌龙的外形条索自然卷曲，呈半球形，紧结整齐，色泽翠绿鲜艳有光泽。清香明显，带花果香，汤色金黄清澈，滋味醇厚甘润。叶底柔嫩。

🐌 壶盅单杯冲泡大红袍

赏茶：欣赏大红袍外形、色泽。嗅闻其干茶香。

注水：向茶壶中注入适量沸水。

温壶：利用手腕力量摇动壶身，使其内部充分预热。

弃水：将温壶的水直接弃入水盂中。

投茶：用茶匙将茶荷内大红袍拨到茶壶中。

注水：注入95℃~100℃水温润湿茶叶。

温盅：将润茶的水过滤网倒入茶盅中。

擦拭：当有水滴滴到茶盘上时，可用茶巾轻轻擦干净。

小常识

茶巾在使用时，一般都是双手拿起再操作，用茶巾擦拭茶盘时，双手拿住茶巾两端，用向下的一面擦拭茶盘桌面，不可像使用抹布一般随意使用。

冲泡技巧提示

有些茶是不需要温盅的，如白毫乌龙，这种茶在茶汤的温度稍降后更有利于茶香的品赏，所以不温盅比温盅效果要好。如急于用这壶茶解渴，则也可以不温盅。

注水：再次高冲注水，至满壶浸泡茶叶。

温杯：将温盅的水低斟入品茗杯中温杯。

出汤：将茶壶内的水斟进品茗杯中后，即可出汤。

弃水：待出汤后，可再慢慢温杯弃水。

斟茶、品饮：将茶盅内泡好的茶汤，低斟入品茗杯中，举杯邀客品饮。

小常识

如使用的茶盘是不能出水的茶盘，在斟茶时，就不能循环斟茶，否则会弄得茶盘上都是茶水，可在斟茶前，轻轻摇动茶盅，使茶汤浓度混合均匀即可。

知识链接

大红袍是中国十大名茶之一，也是中国乌龙茶中的极品。2009年至2010年初，大红袍茶叶受到炒作，每斤价格最高达到了10万元人民币。

碗盅单杯冲泡永春佛手

赏茶：取永春佛手干茶入茶荷中，邀客一同欣赏干茶。

注水：揭开盖碗盖子，沿碗沿注水入盖碗中。

温碗：利用手腕力量摇动壶身，使其内部充分预热。

弃水：盖碗充分预热后，就可以将水弃入水盂了。

投茶：借助茶匙将茶叶拨入盖碗中。

注水：注入95℃~100℃水温润茶叶。

温盅：取过滤网在茶盅上，将润茶的水过滤网倒入茶盅中。

注水：再次注水入盖碗中。

小常识

永春佛手中的茶多酚和维生素 C 都有活血化瘀、防止动脉硬化的作用。经常饮用，能降低高血压和冠心病的发病率。同时，永春佛手中的茶多酚能提亮肤色，经常饮用，可以达到延缓衰老的功效。

冲泡技巧提示

青茶、黑茶、红茶等都需要润茶，所以在准备泡茶用水时，一定要确保随手泡内水量充足，以免后期随手泡内没水。

温杯：将温盅的水低斟入品茗杯中。

出汤：将盖碗中浸泡好的茶汤倒入茶盅。

弃水：将温杯的水分别弃入水盂中。

斟茶：将茶盅内的茶汤低斟入品茗杯中。

品饮：举杯邀客品饮。

小常识

茶叶浸泡需要等上几分钟，在等待的过程中，可以进行温杯操作，如果温杯时间过长，在将温盅的水低斟入品茗杯之后，可以先出汤，再弃水。也可以温杯、弃水一气呵成，再出汤。

知识链接

永春佛手又名香橼种、雪梨，因其形似佛手、名贵胜金，所以又称为"金佛手"。永春佛手是福建青茶中风味独特的名品，在闽、粤、港、澳、台等地区及东南亚侨胞中久负盛名。在2007年，永春佛手荣获"中国申奥第一茶"的称号。

永春佛手的外形肥壮卷曲，颗粒紧结，色泽砂绿乌润。汤色橙黄清澈，香气浓郁，有类似香橼的香味，滋味鲜醇甘厚。叶底肥厚软亮，有红边。

壶盅双杯冲泡毛蟹茶

赏茶：取适量毛蟹干茶置于茶荷，欣赏其外形、色泽。

注水：向壶中注入适量沸水进行温壶。

温壶：晃动壶身，使壶内壁充分接触到热水，一般晃动2~3次即可。

温盅：将温壶的水过滤网倒进茶盅中。

温闻香杯：将温盅的水低斟进闻香杯中，温闻香杯。

温杯：用茶夹温闻香杯后，将水倒进品茗杯中。

弃水：温过杯后直接将水弃入水盂。

擦拭：弃水过后，可用茶巾将品茗杯上的水渍擦拭干净。

投茶：将茶荷中茶叶用茶匙缓缓拨入茶壶中。

注水：投茶过后，提壶注水，没过茶叶即可。

出水：注水过后，迅速将茶壶内的水倒进茶盅内。

小常识

在用茶夹夹取闻香杯和品茗杯时，一定要注意拿捏得当，尽量不要松开力度，否则很容易脱杯。

注水：再次注水至满壶。

淋壶：紫砂壶需要养，可用一泡润茶的水浇淋壶身。

小常识

紫砂壶需要养，可用润茶的水浇淋壶身。浇淋时，要让茶汤均匀地淋到壶身上，然后可用养壶笔轻轻刷壶身表面，让紫砂壶能充分吸收茶味。

擦拭：1～3分钟后，即可出汤，出汤前，可用茶巾将茶壶底部的水渍擦拭干净。

出汤：过滤网将泡好的茶汤倒出。

斟茶入杯：将茶盅内的茶汤低斟入闻香杯中。

倒扣：将对应的品茗杯倒扣到闻香杯中。

取杯：拇指按在品茗杯杯底，食指和中指夹住杯身，取杯。

翻转：将闻香杯和品茗杯翻转。

旋转：左手拿品茗杯，右手拿闻香杯，慢慢旋转将闻香杯取出。

闻香：将品茗杯中茶汤先放到一旁，双手搓动闻香。

品饮：举杯邀客品饮。

知识链接

毛蟹茶原产于安溪大坪乡，因毛蟹茶树的适应性广、抗逆性强、易于栽培，所以毛蟹茶产量高。毛蟹茶外形条索紧结，嫩叶尾部多白毫，内质香气清高。

壶盅单杯冲泡铁罗汉

备器：准备冲泡茶具和茶叶，并将泡茶用水备好。

赏茶：邀客一同欣赏铁罗汉干茶。

注水：揭开壶盖，注入沸水。

温壶：运用手腕力量让壶内壁充分接触热水。

弃水：待茶壶充分预热后，直接将水弃入水盂中。

投茶：借助茶匙将茶荷中的茶叶拨入茶壶中。

注水：向壶中注入水，没过茶叶即可，用来润茶。

温盅：将过滤网放到茶盅上，将润茶的水倒入茶盅中。

小常识

在储存铁罗汉时，要将茶叶置于低温、干燥、无氧、不透光的环境下储存，切勿与他物放置一起，贮存容器场所均需无异味，否则茶叶会完全变质。

冲泡技巧提示

新手在使用无把的茶壶时，常常会因为茶壶温度高，而手腕不稳使水洒出。针对这种情况，可以在拿捏茶壶时，左手扶住右手操作，使手腕力量更稳当。

注水：再次注水入茶壶中，水量至壶沿。

温杯：将温盅的水低斟入品茗杯中进行温杯。

出汤：将茶壶中浸泡好的茶汤倒入茶盅内。

弃水：出汤后，可以慢慢将温杯的水弃入水盂。

斟茶：将茶盅内的茶汤低斟入品茗杯中。

品饮：举杯邀客品饮。

知识链接

铁罗汉是武夷四大名枞之一，外形条索紧结，色泽绿褐。汤色清澈艳丽，香气浓郁清长，滋味爽口回甘。叶底肥软明亮。

碗杯单杯冲泡东方美人

备器：准备冲泡茶具和茶叶，并将泡茶用水备好。

赏茶：取适量东方美人干茶置于茶荷，欣赏其外形、色泽。

注水：向盖碗中注入适量的沸水。

荡碗：利用手腕力量摇荡杯身，使其内壁充分预热。

投茶：将茶荷中的东方美人用茶匙缓缓拨入盖碗中。

注水：向盖碗中注入适量沸水，没过茶叶即可。

温盅：迅速将盖碗中的水倒入茶盅中。

注水：再次注水至碗沿。

温杯：将温盅的水分斟入品茗杯中。

冲泡技巧提示

在邀客品饮时，一般第一杯留给自己，其余的给客人，自己要先举杯，一闻、二看、三品尝后客人才开始品饮。将品茗杯端给客人时，手指忌碰到客人对嘴饮的部位，所以在拿茶杯时，拇指和食指要拿靠下的部位，手指不可直接碰到杯沿。

小常识

在茶艺表演过程中，出汤的时间可根据特定因素而变化，如将茶盅内的水分斟入品茗杯的时间过长，则可出汤后再弃水，如温杯的动作快了则可以弃水后再出汤。

出汤：将茶盅内的水分斟入品　弃水：用手或茶夹将温杯的水　斟茶、品饮：将茶盅内茶汤
茗杯后，即可出汤。　　　　　弃入水盂中。　　　　　　　　分斟入品茗杯中，举杯邀客
　　　　　　　　　　　　　　　　　　　　　　　　　　　　品饮。

知识链接

　　东方美人茶原称膨风（中国台湾地区俚语吹牛之意）茶，相传早期有一茶农因茶园受虫害侵
食，不甘损失，便挑到城中贩售，没想到竟因风味特殊而大受欢迎，回乡后向乡人提及此事，竟
被指为吹牛，这就是膨风茶的来源。

　　东方美人茶外形茶心肥厚，披有白毫，色泽白、黄、红、绿、褐相间。香气馥郁，有熟果
香，汤色如琥珀，滋味浓厚甘醇。叶底匀净。

青茶品鉴

1 七泡有余香——铁观音

佳茗由来 安溪产茶始于唐末，兴于明清，盛于当代，距今已有1 000多年的历史。1986年10月，安溪铁观音在法国巴黎获"国际美食旅游协会金桂奖"，被评为世界十大名茶之一。

铁观音干茶

制作工艺 铁观音经凉青、晒青、摇青，炒青、揉捻、包揉、烘焙、筛分、风选、拣剔、匀堆、包装制成商品茶。

最佳产地 福建省安溪。

鉴别要点 有清香和浓香两种，都具有独特的"音韵"。

铁观音茶汤

茶叶风味 干茶：外形圆结匀净，呈螺旋形或颗粒形，色泽翠绿或砂绿。

香气：花香馥郁，有独特的"音韵"。

汤色：金黄或蜜绿。

滋味：醇爽，有回甘。

叶底：软亮，有红边。

铁观音叶底

保健功效 铁观音中的多酚类化合物能防止过度氧化，嘌呤生物碱，可间接起到清除自由基的作用，从而达到延缓衰老的目的。

铁观音中的维生素C和维生素E能阻断致癌物——亚硝胺的合成，对防治癌症有较大的作用。

小常识

铁观音的抗敏效果比较好。喝完的铁观音茶渣不要随意丢掉，可以"废物利用"，放在口中尤其是过敏的牙齿部位咀嚼一下。也可以将新鲜的铁观音茶叶直接放入牙齿的敏感部位轻轻咀嚼。

2 奇种天然真味好——武夷肉桂

佳茗由来 据《崇安县新志》载，武夷肉桂在清代就有其名。该茶是以肉桂良种茶树鲜叶，用武夷岩茶的制作方法而制成的乌龙茶，为武夷岩茶中的高香品种。武夷肉桂由于它的香气似桂皮香，所以取名为"肉桂"，其品质特征明显，性状稳定，在全国性名优茶评比中，多次获得金奖。武夷肉桂是乌龙茶中不可多得的一个品种。

制作工艺 武夷肉桂经萎凋、做青、杀青、揉捻、烘焙等十几道工序制成。

最佳产地 福建省武夷山。

鉴别要点 外形条索卷曲匀整，内质香气带有花果香。

茶叶风味 干茶：外形条索匀整，紧结，色泽青褐，油润有光。

香气：花果香。

汤色：橙黄清澈。

滋味：醇厚回甘。

叶底：嫩绿匀整。

保健功效 武夷肉桂中的二萜类成分有抗补体作用。武夷肉桂中的茶多酚和维生素C有活血化瘀、防止动脉硬化的作用。经常饮用能降低高血压和冠心病的发病率。

武夷肉桂干茶

武夷肉桂茶汤

武夷肉桂叶底

小常识

武夷肉桂可与冬瓜皮、山楂、何首乌一同焖煮饮用，能起到去脂减肥，软化血管的功效。

将茶叶置于低温、干燥、无氧、不透光的环境下储存即可，切勿与其他物放置一起。

3 果奇香为诸茶冠——闽北水仙

佳茗由来 闽北水仙主要产于福建省建瓯、建阳，品质别具一格，是青茶中的佳品，有水仙茶质美而味厚和果香为诸茶冠的美誉。闽北水仙的产制已有百余年的历史，1914年，参加巴拿马赛事获得一等奖。1982年在长沙举行的全国名茶评比中获商业部银质奖章。

制作工艺 闽北水仙经萎凋、做青、杀青、揉捻、初焙、包揉、足火等道工序制成毛茶。

最佳产地 福建省建瓯、建阳两地。

鉴别要点 干茶紧结重实，内质香气浓郁，有兰花的清香。

茶叶风味 干茶：闽北水仙外形条索紧结、重实，色泽砂绿油润。

香气：浓郁，有兰花香。

汤色：橙红清澈。

滋味：醇厚鲜爽回甘。

叶底：肥软黄亮。

保健功效 闽北水仙中的茶多酚和维生素C有活血化瘀、防止动脉硬化的作用。经常饮用能降低高血压和冠心病的发病率。

闽北水仙中含氟量较高，有益于预防龋齿、护齿、坚齿，此外茶叶中的维生素C等成分能降低眼睛晶体混浊度。

闽北水仙干茶

闽北水仙茶汤

闽北水仙叶底

小常识

冲泡时间太短或水温太低则不利于茶多酚、维生素、氨基酸等营养物质的浸出，冲泡时间太长或温水太高又会将滋味、香气破坏，所以冲泡闽北水仙时一定要算好时间、控制好水温，让品质达到最佳状态。

4 闻名中外——武夷大红袍

佳茗由来 武夷大红袍是中国十大名茶之一，也是中国乌龙茶中的极品。武夷大红袍的母树只有六株，生长在悬崖峭壁上，都是千年古树。如今我们喝到的都是无性繁殖的大红袍。1959年，武夷大红袍被全国"十大名茶"评比会评选为"中国十大名茶之一"。

制作工艺 武夷大红袍基本制作工艺包括萎凋、摊晾、摇青、做青、杀青、揉捻、烘干。

最佳产地 福建省武夷山。

鉴别要点 香气馥郁，有特殊"岩韵"。

茶叶风味 干茶：外形紧结、壮实、稍弯曲，色泽绿褐油润。

香气：高锐浓长。

汤色：橙黄。

滋味：醇厚，回味甘爽"岩韵"明显。

叶底：匀齐、软亮，带有红边。

保健功效 武夷大红袍中的咖啡因具有强心、解痉、松弛平滑肌的功效，能解除支气管痉挛，促进血液循环。

武夷大红袍中的茶多酚和鞣酸作用于细菌，能凝固细菌的蛋白质，将细菌杀死。

武夷大红袍干茶

武夷大红袍茶汤

武夷大红袍叶底

小常识

武夷大红袍是青茶中的极品，品茶时，可将茶汤在口腔中来回打转，感受岩韵。武夷大红袍较为耐泡，一般可以冲泡八泡左右，超过八泡以上品质更优，有"七泡八泡有余香，九泡十泡余味存"的说法。

5 安溪四大名茶——本山茶

佳茗由来 本山茶是安溪四大名茶之一。"民国"二十六年庄灿彰《安溪茶业调查》中记载："此种茶发现于60年前（约1870年），发现者名圆醒，今号其种曰圆醒种，另名本山种，盖尧阳人指为尧阳由所产者。"本山茶种长势和适应性均比铁观音强，因而价格比铁观音稍低，但品质特征等与铁观音相近似，所以备受市场欢迎。

制作工艺 本山茶的制作经过采摘、萎凋、杀青、揉捻、干燥等工序完成。

最佳产地 福建省安溪西坪尧阳。

鉴别要点 干茶"竹子节"明显。

茶叶风味 干茶：本山茶外形条索紧结，色泽砂绿、油光闪亮、沉重如铁。

香气：浓郁扑鼻，且沉稳持久。

汤色：金黄明亮。

滋味：润滑稍苦后返甘甜，带有蜂蜜甜味。

叶底：色泽黄绿，尖薄呈长圆形，叶面有隆起，主脉略细浮白。

保健功效 本山茶中含有氟，氟离子与牙齿的钙质有很大的亲和力，能变成一种较为难溶于酸的"氟磷灰石"，提高了牙齿防酸抗龋能力。本山茶中的黄酮类物质有不同程度的体外抗癌作用。

本山茶干茶

本山茶茶汤

本山茶叶底

小常识

本山茶可以低温储存，保证茶叶的质量。购买回来后，将茶叶置于低温、干燥、无氧、不透光的环境下储存，切勿与其他物放置一起，储存容器场所均需无异味，否则茶叶会完全变质。

6 "一早二奇"——黄金桂

佳茗由来 相传清咸丰年间，安溪罗岩茶农魏珍到福洋探亲，回来时带回两株奇异的茶树，经过采制后请邻居品尝。此茶奇香扑鼻，众人赞其为"透天香"，并取名黄金桂，流传至今。黄金桂也称作"黄旦"或"黄金贵"，也是青茶中的优质品种，在现有乌龙茶品种中是发芽最早的。黄金桂是乌龙茶中风格有别于铁观音的又一极品。

制作工艺 黄金桂的制作工艺分别为凉青、晒青、摇青，炒青、揉捻、包揉、烘焙、筛分、风选、拣剔、匀堆、包装。

最佳产地 福建省安溪虎邱美庄村。

鉴别要点 冲泡的茶汤具有淡淡的桂花香。

茶叶风味 干茶：黄金桂的外形条索紧细、匀整，色泽金黄润亮。

香气：高锐鲜爽，带有桂花香。

汤色：浅金黄明亮。

滋味：浓爽。

叶底：嫩黄明亮。

保健功效 黄金桂中咖啡因具有强心、解痉、松弛平滑肌的功效，能解除支气管痉挛，促进血液循环。

黄金桂中的咖啡因、肌醇、叶酸、泛酸和芳香类物质等多种化合物能调节脂肪代谢，起到减肥的功效。

黄金桂干茶

黄金桂茶汤

黄金桂叶底

小常识

黄金桂一般4月中旬采摘，采摘工艺十分考究，一般在顶叶呈小开面或中开面时采下二三叶。黄金桂只有采摘恰当，才能充分发挥其品种特征。由于采摘和制作上的这些特色，形成了黄金桂独特的品质。

7 点滴入口，齿颊留香——永春佛手

佳茗由来 永春佛手又名香橼种、雪梨，因其形似佛手、名贵胜金，所以又称为"金佛手"。永春佛手是福建青茶中风味独特独特的名品，在闽、粤、港、澳、台等地区及东南亚侨胞中久负盛名。在2007年，永春佛手荣获"中国申奥第一茶"的称号。

制作工艺 永春佛手的工艺流程是晒青、摇青、摊凉、杀青、包揉、初烘、复包揉、定型、足火。

最佳产地 福建省永春县。

鉴别要点 香气中果香明显。

茶叶风味 干茶：永春佛手外形条索紧结、肥壮、卷曲，色泽砂绿乌润。

香气：高锐，有独特的果香。

汤色：橙黄清澈。

滋味：醇厚回甘。

叶底：黄绿软亮。

保健功效 永春佛手中的茶多酚和维生素C有活血化瘀、防止动脉硬化的作用。经常饮用，能降低高血压和冠心病的发病率。同时，永春佛手中的茶多酚能提亮肤色，经常饮用，可以达到延缓衰老的功效。

永春佛手干茶

永春佛手茶汤

永春佛手叶底

小常识

永春佛手可以与灵芝草一同用沸水冲泡，取3克永春佛手与8克切碎的灵芝草一同冲泡，能起到护肝、提高免疫力的功效。

8 安溪四大名茶——毛蟹茶

佳茗由来 安溪茶始于唐末。当时韩林学士韩屋有诗云："古崖觅芝叟，乡俗乐茶歌"。明清是安溪茶叶走向鼎盛的一个重要阶段，创造出茶树整株压条繁殖法，安溪成了中国茶树无性繁殖的发源地。

制作工艺 采摘时间以中午十二时至下午三时前较佳。毛蟹茶采用采摘、萎凋、炒青、揉捻、干燥、紧压的制作工艺。

最佳产地 福建省安溪县福美大丘仑为主。

鉴别要点 干茶具有砂绿色。

茶叶风味 干茶：毛蟹茶外形紧密，砂绿色，颗粒手感好、均匀。

香气：清高。

汤色：红浓通透明亮。

滋味：顺滑醇厚。

叶底：柔软、肥嫩、有弹性。

保健功效 毛蟹茶中的咖啡因和茶碱具有利尿作用，用于治疗水肿、水滞瘤。利用红茶糖水的解毒、利尿作用能治疗急哈哈黄疸型肝炎。

毛蟹茶中的咖啡因能兴奋中枢神经系统，帮助人们振奋精神、增进思维、消除疲劳、提高工作效率。

毛蟹茶干茶

毛蟹茶茶汤

毛蟹茶叶底

小常识

毛蟹茶是色种拼配茶之一。色种茶是指用除了做成铁观音等较为优质的乌龙茶之外的茶树品种做成的茶叶。它与铁观音的区别能在叶底上区分，铁观音的叶底凹凸不平，而毛蟹则表面平整。

9 武夷山四大名丛——白鸡冠

佳茗由来 白鸡冠是武夷山四大名丛之一，由于形态像白锦鸡头上的鸡冠，故名白鸡冠。白鸡冠自古以来就被奉为上品，因其产地少、产量少，且具有独特的天然岩韵，而备受茶人的喜爱。

制作工艺 采摘时间一年三季，在晴天采摘。制作工艺为凉青、晒青、摇青，炒青、揉捻、包揉、烘焙、筛分、风选、拣剔、匀堆、包装。

最佳产地 福建省武夷山。

鉴别要点 冲泡后有兰花香。

茶叶风味 干茶：外形细长，卷曲成条，色泽黄褐。

香气：悠长，有兰花的清香。

滋味：醇厚甘爽。

汤色：清澈明亮。

叶底：嫩匀成朵明亮。

保健功效 白鸡冠中的多酚具有很强的抗氧化性和生理活性,是人体自由基的清除剂,能阻断脂质过氧化反应,清除活性酶的作用。

白鸡冠中的黄酮类物质有不同程度的体外抗癌作用。

白鸡冠干茶

白鸡冠茶汤

白鸡冠叶底

小常识

白鸡冠需要存放于低温、干燥、无氧、不透光的环境下，切勿与他物放置一起，贮存容器场所均需无异味，否则茶叶会完全变质。

10 岩茶名品——铁罗汉

佳茗由来 铁罗汉是武夷四大名丛之一，生长于岩缝之中。铁罗汉相传起源于宋朝时期，20世纪90年代以来，在武夷山市已扩大栽培。

铁罗汉干茶

制作工艺 采摘在每年的春季进行。制作工艺包括经过晒青、凉青、做青、炒青、初揉、复炒、复揉、走水焙、簸拣、摊凉、拣剔、复焙、再簸拣、补火等多道工序精制而成。

铁罗汉茶汤

最佳产地 福建省武夷山。

鉴别要点 成品茶干茶白毫显露。

茶叶风味 干茶：外形条索紧结，色泽鲜润，叶片红绿相间。

香气：持久馥郁。

汤色：橙黄透亮。

滋味：爽口回甘。

叶底：肥软。

铁罗汉叶底

保健功效 铁罗汉中的咖啡因、肌醇、叶酸、泛酸和芳香类物质等多种化合物，能调节脂肪代谢，起到减肥的功效。

铁罗汉中的茶多酚能提亮肤色，经常饮用，可以达到美白肌肤的功效。

小常识

胃寒的人，不宜过多饮用铁罗汉，特别是绿铁罗汉，否则会引起肠胃不适；神经衰弱者和患失眠症的人，睡前不宜饮用铁罗汉，更不能饮浓铁罗汉，不然会加重失眠症。

11 岩茶代表——凤凰单枞

佳茗由来 潮州凤凰山的产茶历史十分悠久，可追溯至唐代，而凤凰单枞的产销历史已有900多年。在国内主销闽、粤、港、澳地区，出口日本、新加坡、泰国等国家和地区。

凤凰单枞干茶

制作工艺 凤凰单枞的制作经晒青、晾青、做青、杀青、揉捻、烘焙。

最佳产地 广东省潮州市凤凰山。

鉴别要点 有天然花香，滋味润喉回甘。

凤凰单枞茶汤

茶叶风味 干茶：外形条索紧结、肥壮、重实，挺直匀整，色泽褐色油润。

香气；清高深远，有天然花香。
汤色：橙黄清澈明亮。

滋味：浓爽，有回甘。

叶底：腹黄亮，叶缘朱红。

凤凰单枞叶底

保健功效 凤凰单枞中的咖啡因能兴奋中枢神经系统，帮助人们振奋精神、增进思维、消除疲劳、提高工作效率。同时，凤凰单枞中的咖啡因、肌醇、叶酸、泛酸和芳香类物质等多种化合物能调节脂肪代谢。

凤凰单枞可与枸杞子一同煎煮服用，能起到延缓衰老，调节血脂和血糖的功效。

小常识

凤凰单枞正宗产地以有"潮汕屋脊"之称的凤凰山东南坡为主，分布在海拔500米以上的乌崇山、乌譬山、竹竿山、大质山、万峰山、双譬山等潮州东北部地区。

12 茶中圣品——冻顶乌龙

佳茗由来 相传清朝咸丰年间，鹿谷林凤池赴福建应试，高中举人，还乡时，从武夷山带回36株青心乌龙茶苗，其中12株种在麒麟潭边的冻顶山上，冻顶乌龙由此而得名。冻顶乌龙是台湾包种茶的一种，在台湾有着很高的知名度。茶叶有着独特的香气，汤色蜜绿带金黄，茶香清新典雅，因为其香气独特，据说是帝王级泡澡茶浴的佳品。

冻顶乌龙干茶

制作工艺 冻顶乌龙经晒青、凉青、摇青、炒青、揉捻、初烘、多次反复包揉、复烘、焙火而制成。

最佳产地 台湾地区南投县鹿谷乡。

鉴别要点 干茶有浓烈芳香，滋味回韵强。

冻顶乌龙茶汤

冻顶乌龙叶底

茶叶风味 干茶：外形条索紧结卷曲，呈半球形，有白毫，色泽翠绿有光泽。

香气：清香。

汤色：蜜黄至金黄，清澈明亮。

滋味：醇厚甘润。

叶底：柔嫩有芽。

小常识

冻顶乌龙用山泉水泡茶最好，因为经过山林下面砂岩层过滤出来的泉水，含矿物质和氯化物很少，而一般的水质碱性重，会促使茶多酚类物质氧化，汤色变暗，失去鲜醇的香味。如果水中含铁离子过多，甚至茶汤会变黑，失去饮茶效果。

保健功效 冻顶乌龙茶的多酚类可以促进提高酵素SOD消除活性氧的功能，从而达到美容肌肤的功效。

冻顶乌龙中的茶多酚和鞣酸作用于细菌，能凝固细菌的蛋白质，将细菌杀死。

13 奶香独特——金萱茶

佳茗由来 以金萱茶树采制的半球形包种茶，称作金萱茶。金萱茶由台湾茶叶之父吴振铎培育而成，为了纪念他，将此茶以其祖母之闺名命名为金萱茶，树型横张，叶厚呈椭圆形，叶色浓绿富光泽，幼苗绿中带紫，密生茸毛，适制包种茶及乌龙茶。

制作工艺 金萱茶的采摘时间在每年4月中旬进行采摘，以春茶为主。其制作工艺包括采摘，萎凋，揉捻，干燥等多道工序。

最佳产地 台湾地区阿里山茶区的嘉义县境内。

鉴别要点 冲泡后有明显的奶香。

茶叶风味 干茶：紧结重实，呈半球形，色泽翠绿。

香气：具独特天然牛奶香和桂花香气。

汤色：清澈蜜绿色。

滋味：甘醇浓郁，喉韵俱佳。

叶底：明亮。

保健功效 金萱茶中的咖啡因能兴奋中枢神经系统，帮助人们振奋精神、增进思维、消除疲劳、提高工作效率。

金萱茶中含氟量较高，有益于预防龋齿，护齿、坚齿，此外茶叶中的维生素C等成分能降低眼睛晶体混浊度。

金萱茶干茶

金萱茶茶汤

金萱茶叶底

小常识

金萱乌龙可以和酸枣仁、白菊花一同用沸水冲泡，能起到安神养心、镇痛、降压等功效。

选用保暖性良好的热水瓶作盛具。将干燥的茶叶装入瓶内，装实装足，尽量减少空气存留量，瓶口用软木塞盖紧。

14 熟果醇香——东方美人茶

佳茗由来 东方美人茶名字的由来，另一种传闻是英国茶商将茶献给维多利亚女王，黄澄清透的色泽与醇厚甘甜的口感，令她赞不绝口，既然来自东方"福尔摩沙"（Formosa），就赐名"东方美人茶"了。

制作工艺 采收期在炎夏六七月，即端午节前后10天。工艺包括采摘，萎凋，炒青，发酵，揉捻，烘干等工序。

最佳产地 台湾地区的新竹、苗栗一带。

鉴别要点 冲泡后有熟果香。

茶叶风味 干茶： 茶叶呈金黄色，白毫肥大。

香气：天然蜜香与熟果香。

汤色：明澈鲜丽的琥珀色。

滋味：甘润香醇。

叶底：肥厚明亮。

保健功效 东方美人茶有抗衰老、美白肌肤、减肥等功效，其绝佳的口感和香气适合女士饮用。

东方美人茶干茶

东方美人茶茶汤

东方美人茶叶底

小常识

东方美人茶可以热冲泡也可以冷冲泡。热冲泡就是我们熟知的用热水直接冲泡，而冷冲泡则用常温的水冲泡茶叶，然后冷藏6~8小时后再饮用。

第六章

识黑茶，品佳茗

黑茶的鲜叶是六大茶类中最粗老的。因其制作过程中有一道渥堆的工序，使儿茶素损耗较大，从而使黑茶的香味更加醇和，汤色呈深橙黄带红，干茶和叶底色泽较暗褐。

黑茶制作工序一般分为杀青、揉捻、渥堆、干燥四道工序。

黑茶在杀青时，会利用高温钝化酶的活性。由于鲜叶原料一般比较粗老，杀青的程度很难掌握，有时可以在杀青时洒一些水，边洒水边翻动鲜叶，使杀青程度均匀一致。

黑茶的揉捻一般又可分成初揉和复揉两道工序。初揉使叶片初步成形，茶汁溢出表面，复揉将渥堆变松的茶条重新揉紧。

渥堆是黑茶特有的一道工序，也是形成黑茶色香味的关键工序。与红茶的堆积发酵相比，黑茶堆得更大、更紧，时间更长，并且将杀青处理放在了之前。

黑茶的干燥一般使用机器烘干或日光晒干。

黑茶鲜叶原料

紧压的黑茶与撬开来的黑茶

黑茶分类

黑茶是我国特有的一大茶类，它有着悠久的生产历史，产区广阔，销售量大，品种花色也很多。此外，黑茶是中国西北广大地区，以及藏族、蒙古族、维吾尔族等民族日常生活中必不可少的。黑茶根据产地可分为湖南黑茶、湖北老青茶、广西六堡茶、云南普洱茶和四川边茶。

❧ 湖南黑茶

湖南黑茶原产于安化，现已扩大到桃江、宁乡、益阳等地。主要有黑砖、花砖、茯砖茶等。

❧ 湖北老青茶

湖北老青茶主要是产于咸宁地区，通常销往西北、内蒙古地区。

❧ 广西六堡茶

广西六堡茶主要是产自苍梧县六堡乡，已有200多年的生产历史。

❧ 云南普洱茶

云南普洱茶主要是产自西双版纳和思茅等地。普洱茶分为生茶和熟茶两种。生茶属于绿茶，熟茶才属于黑茶。

❧ 四川边茶

四川边茶分为南路边茶和西路边茶，主要销往西藏、青海、甘肃南部等地。

湖南黑茶

湖北老青茶

云南普洱茶（熟茶）

广西六堡茶

四川边茶

黑茶问答

何为干仓与湿仓

干仓是指将普洱生茶存放在干燥、通风、湿度小的仓库中，使普洱生茶自然陈化的过程。干仓的普洱茶在温湿度适中、通风良好、清爽无杂味的环境中发酵陈化，保存了普洱茶的真实本质，同时也增加了品饮的价值。

湿仓是指将普洱生茶存放在湿气较重的地方，如地下室、地窖、防空洞、土房等，这里通风不畅、湿度较高，能加速普洱生茶的发酵速度，所以湿仓普洱的陈化速度要比干仓快。湿仓环境的空气湿度相对较高，很容易造成茶叶细菌的滋生，加速陈化，但这样也改变了茶叶原有的特质。

普洱饼茶干湿仓对比图

小常识

市场上有湿仓普洱的原因主要是一些商人为了使新鲜的普洱生茶能及时饮用，并且能立即获得利益而使用的方法。所以在购买时，可以通过以下方法来辨别干仓普洱和湿仓普洱。

1.从外形上看。湿仓普洱茶的外包装上一般会有水迹，而干仓普洱茶则没有。湿仓普洱茶饼条索松脱、色泽暗淡、粗糙，且茶饼表面或夹层中留有绿色或灰色的霉斑。而干仓普洱茶条索紧实、色泽鲜润，茶饼表面有光泽。一些发生霉变且密封的湿仓普洱茶，在一打开时，会有一股呛人的霉味，因此不建议购买。

2.从汤色上看。湿仓普洱茶一般呈暗栗色，甚至成黑色，而干仓普洱茶的汤色为栗红色，陈化时间越长，汤色也会逐渐转为深栗色。

3.从叶底上看。湿仓普洱茶冲泡后，叶底呈暗红色或黑色，没有弹性，甚至已经腐烂。而干仓普洱茶的叶底成果黄色至深栗色，且叶底质地柔软而鲜活，轻轻用手握住放开，叶片立即能舒展开。

如何久藏黑茶

久藏黑茶可以先从储藏的环境入手，黑茶对环境的要求是非常严格的，温度、湿度如果不能达到要求，或不小心与其他有异味的物品一同存放，黑茶的品质都会发生变化，甚至有霉变的可能性。

茶叶很容易吸收杂味气体，从而导致茶叶品质劣变。储藏普洱老茶的环境要干净无污染，没有其他特殊异味。如收藏一块好的老茶饼，储藏在展示柜上，一定要关好窗门，同时避免周围有其他气体侵入。

温度是黑茶储藏的一个重要影响因素，如温度过高或温度变化太大，都会影响黑茶的口感，温度太高甚至还会让茶叶造成闷热现象，不利于茶叶的储藏。

小常识

普洱茶虽然越陈越香，但也是有一定的期限的，对于普洱年限的考量，往往是靠品茶者直觉判断其陈化的程度，如陈化已到达最高点，则必须密封保存，以免继续发生发酵，造成茶性不断消失，品质衰败。

生茶和熟茶有何区别

生茶和熟茶又称为青饼和熟饼，20世纪70年代以前的老茶基本以生茶为主，未经过发酵工序，所以也可以说生茶是绿茶。熟茶经过渥堆技术，加速了茶叶的陈化，发酵时间减短，称为熟茶。

生茶属于绿茶，其制作过程为鲜叶采摘、杀青、揉捻、晒干，即为生散茶，或叫作晒青毛茶。把晒青毛茶用高温蒸，放入固定模具定型，晒干后成为紧压茶品，也就成为生饼或各类型的砖、沱。生茶饼颜色以青绿、墨绿色为主，部分转为黄红色。汤色以黄绿、青绿为主，口感强烈，刺激性较高，性寒。

熟茶属于黑茶，其制作过程为鲜叶采摘、杀青、揉捻、晒干，即为生散茶或晒青毛茶。晒青毛茶再经发酵、洒水、渥堆等工序，即用人工方法加速茶叶陈化，就形成熟散茶。

熟茶的色泽为黑或红褐色，汤色发酵度轻者多为深红色，发酵度重者以黑色为主。茶汤浓稠水甜，几乎不苦涩，耐冲泡。

黑茶干茶与茶汤

小常识

不同年份的生茶滋味如脱缰的野马，茶味十足，回甘强劲，香气带有花香，茶汤颜色绿中带红。在蛰伏5年后，生普野性逐减，如发酵的青茶茶汤开始有了陈味，随着时间的增长，生普慢慢被驯服，滋味变得醇厚，茶韵开始显现出来。

普洱茶的散茶、饼茶、沱茶、砖茶是否有质量之分

普洱茶是采摘自云南大叶种茶树，大叶种茶树又分为乔木大叶种和灌木大叶种，乔木大叶种树高在3~10米之间，树龄普通几百年以上，也就是现在所说的老茶树，灌木树在1米左右，树龄小，多长在海拔1 000米以下。

大家对普洱茶的认识，都以为饼状的普洱茶是最好的，其实不然，在过去的普洱茶制作中，一二级的原料是做散茶的，三四级是做沱茶，七八级是做饼茶，九十级是做砖茶，但现在的普洱茶制作工艺上，普洱茶的形状与其原料等级的相关度已经不像以前了，散茶、饼茶、沱茶、砖茶等其原料都是有区别的，其每种茶原料也有优劣之分。

普洱茶的紧压茶和散茶哪种更能保证质量

普洱茶在后期的存放过程中会发生微生物转化作用，促成这些转化作用的因素主要有水分、温度、氧气和光照。

基于促成微生物发生转化作用的因素，当普洱茶做成紧压状时，微生物对于水分的吸收和蒸发是不明显的，因此普洱中的香气不易挥发，能更好地保存下来。

由于普洱茶做成紧压时，空气中的温度对于内部影响是很小的，所以微生物能存活下来，对于普洱茶的转化作用更有益。

普洱紧压茶对空气中氧气和光照接触面积相对来说是很小，茶叶中的茶多酚和叶绿素等氧化作用就缓慢下来，茶叶品质能更好地保存下来。

普洱茶散茶比较占地方，在运输的过程中，生茶中的原有香气容易挥发，而紧压茶则能保存长时间，从普洱茶追求越陈越香的品质来看，普洱散茶品质的转化速度要快于紧压茶，能在较短的时间内达到需要的品质效果，但如果放置时间过长则色、香、味不易保存。所有从普洱茶的后期存放时间长度上来看，普洱紧压茶比普洱散茶更能保证品质。

普洱茶一定越陈越佳吗

普洱茶的存储是有期限的，最多15~20年。存期在5~7年时，茶叶品质是最佳的，饮用价值也最高。所以普洱茶不一定越陈越佳，不要一味追求年份长久来判断普洱茶品质的好坏。

黑茶
茶艺

由于在制作黑茶过程中有一道渥堆的工序，使儿茶素损耗较大，从而使黑茶的香味更加醇和，汤色深橙黄带红，干茶和叶底色泽较暗褐。黑茶适合用紫砂、瓷质茶具等冲泡。

壶盅单杯冲泡普洱茶

备器：准备好器皿和茶叶。

赏茶：欣赏普洱散茶外形、色泽。

注水：向茶壶中注入适量沸水，温壶，利用手腕力量摇动壶身，使其内部充分预热。

温盅：将温壶的水通过滤网倒入茶盅中。

温杯：将温盅的水低斟入品茗杯中。

小常识

温盅的目的：一是为了提高盅的温度，使再倒茶汤时，温度不会降得过快，二是利用这样一个机会判断一下茶壶的容量是否与茶盅容量相符，如茶壶容量大于茶盅，再次注水就可以少一些。

冲泡技巧提示

因为普洱在制作的过程中有紧压工序，所以冲泡的水温要求在100℃左右。又因为普洱茶较为耐泡，所以很多人在泡茶时会反复将水烧开。其实反复烧开的水是不适宜泡茶的，水中含有盐类，在水分不断蒸发的过程中，盐类的浓度增大，这样不仅影响茶的口感，还会对身体造成不良影响。

弃水：将温杯的水直接弃入水盂中。

投茶：用茶匙将茶荷内普洱茶拨到茶壶中。

注水：注入100℃水温润茶叶。

出水：将润茶的水迅速倒进茶盂中。

注水：再次高冲注水，至满壶浸泡茶叶。

养壶：将润茶的水浇淋到紫砂壶上。

出汤：2～3分钟后，即可出汤。

斟茶、品饮：将茶盂内泡好的茶汤，低斟入品茗杯中，邀客品饮。

小常识

冲泡茶汤浓度较高的茶时，宜选用腹大的茶壶，这样能避免茶汤过浓，但家有紫砂壶时，也可用小壶，此时的投茶量应该少一些。

冲泡技巧提示

在冲泡普洱茶时，必须对普洱茶进行润茶，一是因为普洱储存时间比一般的茶要长，表面难免会附有灰尘，所以润茶要达到清洗的目的，二是普洱多为紧压茶，用热水浸润，能唤醒茶叶本来的味道。在润茶时速度要快，将茶叶润过即可，切不可时间过长而将茶叶内含物质悉数泡出，导致后面素然无味。

紫砂壶需要滋养，可用润茶的水浇淋壶身。浇淋时，要让茶汤均匀地淋到壶身上，后可用养壶笔轻刷壶身表面，让紫砂壶能充分吸收茶味。

知识链接

  云南普洱茶是云南独有大叶种茶树所产的茶，有普洱散茶、普洱沱茶、普洱饼茶、普洱砖茶等。

  普洱散茶外形条索紧结、重实，色泽棕褐或红褐色。香气纯正悠长，汤色红浓明亮，滋味浓醇、滑口、回甘。叶底柔软。

铁壶冲泡天尖茶

赏茶：欣赏天尖茶外形、色泽。嗅闻其干茶香。

注水：向铁壶中注入适量沸水。

弃水：利用手腕力量涤荡铁壶，使其内部充分预热，后直接将水弃入水盂中。

投茶：用茶匙将茶荷中的天尖茶拨入铁壶中。

注水：向铁壶中注入适量沸水，没过茶叶即可。

温杯：注水过后，迅速将铁壶中的水低斟进品茗杯中温杯。

弃水：如温杯后，铁壶中还有剩余的水，则直接将铁壶中的水倒进水盂中。

注水：再次注水入铁壶中，浸泡茶叶。

弃水：将温杯的水直接弃入水盂中。

冲泡技巧提示

铁壶茶艺指的是用铁壶为主泡茶具，因为铁壶一般内部都配有过滤网，所以不需要茶盅，配几个品茗杯即可。

铁壶无论是冲泡茶叶还是煮饮茶叶，在使用后一定要及时清洗干净，再放到通风处晾干，否则易生锈。如长时间不用，拿出来泡茶时，先用清水煮上几遍后再用来泡茶。

小常识

铁壶较重，一般双手拿，同时还要按住壶盖，以防止壶盖突然掉落。

擦拭：用茶巾轻轻擦拭品茗杯底部。

斟茶、品饮：将铁壶中的水低斟入品茗杯中，邀客品饮。

小常识

在斟茶入杯前，提起铁壶可先放到茶巾上按一下，这样能让茶巾将铁壶底部的水滴吸干。

知识链接

湖南安化天尖黑茶在远古时就是专营专运，纵是一般官吏绅士、商贾名流也不能染指。平头百姓自不待言，曾经只有官僚阶层和富庶人家才能品用，民间难得一见。

天尖茶外形条索紧结、较圆直，色泽乌黑油润。香气醇和带松烟香，汤色橙黄，滋味醇厚。叶底黄褐尚嫩。

黑茶品鉴

1 能喝的"古董"——云南普洱散茶

佳茗由来 普洱茶历史非常悠久，可以追溯到三千多年前武王伐纣时期。普洱茶的品类很多，有普洱散茶、普洱沱茶、普洱饼茶、普洱砖茶等。云南普洱散茶是云南独有大叶种茶树所产的茶，其饮用方法丰富，冲泡技巧也十分讲究。

云南普洱散茶干茶

制作工艺 云南普洱散茶的加工工艺为萎凋、杀青、揉捻、晒干、蒸压、干燥。

最佳产地 云南普洱散茶产于云南省普洱等地。

鉴别要点 有陈香，耐贮藏。

云南普洱散茶茶汤

茶叶风味 干茶：云南普洱散茶外形条索肥壮重实、色泽红褐，呈猪肝色或灰白色。

香气：纯正悠长，有独特的陈香。

汤色：浓红明亮。

滋味：浓醇、滑口、回甘。

叶底：褐红匀亮。

云南普洱散茶叶底

保健功效 云南普洱散茶中的茶氨酸能有效抑制血压升高，类黄酮物质能使血管壁松弛，增加血管的有效直径，降低血压。

云南普洱散茶中的茶多酚类氧化物、儿茶素等多种化合物成分，能吸附体内的有毒物质并排出体外。

小常识

孕妇不宜多喝普洱茶，有可能会抑制小儿发育。女士们经期不适合喝普洱茶，经期缺铁，多喝普洱茶会造成身体铁元素无法吸收。初病愈的人，不宜喝过多的普洱茶，会造成身体不适。

2 云南传统名茶——七子饼茶

佳茗由来 清雍正年间，云贵总督鄂尔泰在滇设茶叶局，统管云南茶叶贸易。鄂尔泰勒令云南各茶山茶园顶级普洱茶由国家统一收购，挑选一流制茶师手工精制成饼，七饼一筐，谓之七子饼茶。

制作工艺 七子饼茶选用普洱六大茶山的晒青毛茶为原料，经筛分、拼配、渥堆、蒸压后精制而成。

最佳产地 七子饼茶主产于云南省西双版纳傣族自治州勐海县。

鉴别要点 圆状外形，汤色红艳。

茶叶风味 干茶：七子饼茶外形紧结、端正，色泽红褐乌润。

香气：高纯，带桂圆香。

汤色：红艳明亮。

滋味：醇爽回甘。

叶底：嫩匀成朵。

保健功效 七子饼茶中的多酚类及其氧化产物能溶解脂肪，促进脂类物质排出，还可活化蛋白质激酶，加速脂肪分解，降低体内脂肪的含量。

黏稠、甘滑、醇厚的七子饼茶进入人体肠胃形成的膜附着胃的表层，可以起到护胃、养胃的作用。

七子饼茶干茶

七子饼茶茶汤

七子饼茶叶底

小常识

七子饼茶又称为圆茶，是云南省西双版纳傣族自治州生产的一种传统名茶。七子饼茶属于紧压茶，它是将茶叶加工紧压成外形美观酷似满月的圆饼茶，然后将每7块饼茶包装为1筒，故得名"七子饼茶"。

七子饼茶打开包装后，要将茶饼外层的纸包好，然后放到干燥、无异味的环境中存储。

3 发酵茶始祖——茯砖茶

佳茗由来 茯砖茶诞生于公元1368年，最早制作茯砖茶的原料来自陕西、四川，由于后期消费需求猛增，陕西、四川原料已无法满足加工需求，遂引进湖南的黑毛茶作为茯砖茶的原料。目前生产的茯砖茶，根据原料的拼配不同，分特制和普通两个品种目，两个品种都不分级。

茯砖茶干茶

制作工艺 茯砖茶压制要经过原料处理、蒸气渥堆、压制定型、发花干燥、成品包装等工序。

最佳产地 湖南省益阳等地。

鉴别要点 汤色红而不浊，滋味厚而不涩。

茯砖茶茶汤

茶叶风味 干茶：茯砖茶外形砖面平整，长方形，棱角紧结、整齐，黄褐色或黑褐色。

香气：浓郁持久。

汤色：橙黄明亮。

滋味：鲜嫩醇爽。

叶底：呈红褐色，尚匀。

茯砖茶叶底

保健功效 茯砖茶富含茶黄素，能软化血管，有效清除血管壁内的粥样物质。还富含膳食纤维，具有调理肠胃的功能，清肠胃，且有益生菌参与，能改善肠道微生物环境，助消化。

茯砖茶中还有多种水溶性维生素。如维生素B_1能治疗脚气病。维生素B_2可治疗角膜炎、结膜炎、唇损伤、口角炎、舌炎、脂溢性皮炎等。维生素C能防治坏血病，治疗由高血压引起的动脉硬化。

小常识

选购茯砖茶时可以根据其外包装的陈旧和质量来进行辨别，如纸张的材质、标签字样、商标等。早期的茯砖茶原料叶片大、叶张肥厚、色泽黑褐油润均匀一致，1983年后的原料叶张薄、瘦，含梗较多，色泽也较黄褐，欠均匀一致。

此外，不同年代的茯砖茶色泽也不同。新茯砖茶内有大量的金黄色颗粒（金花），三十年的茯砖茶金花就已经很少了，只能看到少许白色欠匀的斑点。

4 "世界茶王"——千两茶

佳茗由来　千两茶又名花卷茶，因每卷的茶叶净含量合老秤一千两而得名，产于湖南安化。千两茶拥有超过千年的历史，凭借其精细的做工，悠久的历史文化，而被世人冠以"世界茶王"的美名。

制作工艺　千两茶经过破碎、筛分、发酵、蒸制、机压、烘干等工艺精制而成。

最佳产地　湖南省安化。

鉴别要点　原料粗老，含梗多。

茶叶风味　干茶：千两茶外形为圆柱体，每支茶一般长1.5~1.65米，直径0.2米左右，净重约36.25千克。

香气：清高持久。

汤色：橙黄如琥珀。

滋味：醇厚回甘。

叶底：嫩匀黑褐。

保健功效　千两茶中的茶氨酸有效抑制血压升高，类黄酮物质能使血管壁松弛，增加血管的有效直径，降低血压。

千两茶中的多酚类及其氧化产物能溶解脂肪，促进脂类物质排出，还可活化蛋白质激酶，加速脂肪分解，降低体内脂肪的含量。

千两茶干茶

千两茶茶汤

千两茶叶底

小常识

　　由于千两茶的口感越陈口感越醇和，因此千两茶适宜堆放在通风、避光、干燥、无异味的地方。

5 以茶易马的"官茶"——黑砖茶

佳茗由来 1940年湖南省安化开始压制黑砖茶。由于茶色泽乌黑，外形成块状似砖，因此得名"黑砖茶"，又因为砖面压有"湖南省砖茶厂压制"8个字，所以又称为"八字砖"。

黑砖茶干茶

制作工艺 黑砖茶由毛茶经过筛分、风选、破碎、拼堆等工序制成。

最佳产地 湖南省安化。

鉴别要点 煮饮口感更佳。

茶叶风味 干茶：外形砖面平整光滑，棱角分明，色泽红褐或黑褐色。

香气：纯正，有陈香。

汤色：黄红稍褐。

滋味：浓醇。

叶底：厚实、红褐。

黑砖茶茶汤

黑砖茶叶底

保健功效 黑砖茶富含膳食纤维，具有调理肠胃的功能，清肠胃，且有益生菌参与，能改善肠道微生物环境，助消化。黑砖茶中还富含茶黄素，能软化血管，有效清除血管壁内的粥样物质。

小常识

　　1939年，湖南省开始试制黑砖茶，次年湖南省在安化县设厂开始大批量生产黑砖茶，产品分"天、地、人、和"四级，统称"黑茶砖"。1947年，安化茶叶公司设厂于江南镇，在茶砖面上印有"八"字，称"八字茶砖"，供不应求。

6 安化黑茶之首——天尖茶

佳茗由来 远古时湖南安化天尖茶就是专营专运，纵是一般官吏绅士、商贾名流也不能染指。平头百姓自不待言，曾经只有官僚和富庶人家才能品用，民间难得一见。运用300年成熟的制作工艺，采用谷雨前后海拔700米湖南雪峰山脉生长的半野生半种植一级黑毛茶，用"七星灶"独特烘焙工艺和大自然凉置工艺造就了安化天尖茶。

制作工艺 天尖茶的采摘标准以芽尖为主。经过杀青、揉捻、渥堆、烘焙而成。

最佳产地 湖南省益阳市安化。

鉴别要点 冲泡后有松烟香。

茶叶风味 干茶：天尖茶外形条索紧结、较圆直，色泽黑润。

香气：有松烟香。

汤色：深黄明亮。

滋味：醇厚甘爽。

叶底：嫩匀黑褐。

保健功效 天尖茶的主要成分是茶复合多糖类化合物，可以调节体内糖代谢，降低血脂血压，改善糖类代谢，降血糖，防治糖尿病。

天尖茶中的多酚类及其氧化产物能溶解脂肪，促进脂类物质排出，还可活化蛋白质激酶，加速脂肪分解，降低体内脂肪的含量。

天尖茶干茶

天尖茶茶汤

天尖茶叶底

小常识

天尖茶在明清时被列为了皇家贡品，专供皇室家族品用，因而有"天尖茶为湖南安化黑茶之首"的说法。

7 "中国红"——六堡茶

佳茗由来 六堡茶与云南普洱茶同为千年中国名茶，其历史可以追溯到一千五百多年前的代嘉庆年间，在那时六堡茶就被列为名茶。六堡茶以"红、浓、陈、醇"的特质远销海内外，具有独特的保健功效和收藏价值。

制作工艺 六堡茶经过杀青、揉捻、沤堆、复揉、干燥制作而成。

最佳产地 广西壮族自治区梧州市所辖行政区域。

鉴别要点 煮饮口感更佳。

茶叶风味 干茶：六堡茶外形条索长整粗壮，色泽黑润，有光泽。

香气：陈醇，带有松木烟香。

汤色：红浓明亮。

滋味：甘醇，带有松烟味和槟榔味。

叶底：厚实，色泽呈古铜色。

保健功效 六堡茶除含有人体必需的多种氨基酸、维生素和微量元素外，所含脂肪分解醇素高于其他茶类，故六堡茶具有更强的分解油腻，降低人体类脂肪化合物、胆固醇、甘油三酯及血尿酸高的功效，长期饮用可以健胃养神、健身减肥。

六堡茶干茶

六堡茶茶汤

六堡茶叶底

小常识

可将六堡茶置于低温、干燥、无氧、不透光的环境下储存，切勿与他物放置一起，贮存容器场所均须无异味，否则茶叶会完全变质。

8 鄂南历史名茶——青砖茶

佳茗由来 青砖茶距今已有一百多年的历史。清中后期，随着制茶技术的改进，现代真正意义上的青砖茶才开始出现。青砖茶用高山茶树鲜叶做原料，经压制而成，其产地主要在长江流域鄂南和鄂西南地区。

制作工艺 因为对鲜叶嫩度要求不高，基本用机械收割。收割来的鲜叶经过杀青、揉捻、渥堆、干燥等工序先制成毛茶。

最佳产地 湖北省赤壁。

鉴别要点 滋味浓醇，无青气。

茶叶风味 干茶：青砖茶的呈长方砖形，平整，色泽青褐。

香气：纯正。

汤色：红黄明亮。

滋味：香浓。

叶底：粗老暗黑。

保健功效 青砖茶中的咖啡因和芳香物质可以增加肾小球的过滤率，抑制肾小管对水的再吸收，从而达到利尿的功效。

青砖茶中的多酚类氧化物、儿茶素等多种化合物成分，能吸附体内的有毒物质并排出体外。

青砖茶干茶

青砖茶茶汤

青砖茶叶底

小常识

青砖茶除了热饮，还可冰镇后饮用，口感清凉醇和、风味十足。具有的良好解渴、防暑、提神作用。

9 赤壁特种茶——米砖茶

佳茗由来 米砖茶生产历史较长，1873年，汉口建立顺丰、新泰、阜昌3个新厂，采用机械压制米砖，转运俄国转手出口。原料主要来自湘、鄂、赣、皖四省红茶的片末茶。

米砖茶干茶

制作工艺 米砖原料分：洒面、洒阖和里茶3种规格，原料经过筛分、拼料、压制、退砖、检砖、干燥、包装等工序而制成米砖茶，有"牌楼牌""凤凰牌""火车头牌"等牌号。

最佳产地 湖北省赤壁羊楼洞。

鉴别要点 干茶敲出来后成末状。

米砖茶茶汤

茶叶风味 干茶：外形砖面四角平整，色泽光润，表面光滑。

香气：平和。

汤色：红浓明亮。

滋味：甘醇。

叶底：黄绿带红。

米砖茶叶底

保健功效 米砖茶中的咖啡因和芳香物质可以增加肾小球的过滤率，抑制肾小管对水的再吸收，从而达到利尿的功效。

米砖茶中的多酚类氧化物、儿茶素等多种化合物成分，能吸附体内的有毒物质并排出体外。

小常识

米砖茶冲泡时间，第一泡为8~10分钟，第二泡冲泡时间为10~12分钟，冲泡时间随冲泡次数的增加而增加。

第七章

识黄茶，品佳茗

黄茶属于轻发酵茶，初制工艺与绿茶相似，只增加一道"闷黄"工序，促进了多酚类氧化，酯型儿茶素减少，使黄茶香气变纯，滋味变醇。

黄茶的制作一般经过杀青、揉捻、闷黄、干燥四道工序。

杀青是黄茶制作的第一道工序，与绿茶类似。杀青的目的是钝化鲜叶中酶的活性，丧失部分水分，使叶片变软。

揉捻是黄茶的塑形工序。有的黄茶在制作过程中没有明显的揉捻过程，如鹿苑茶，它是在杀青过程中用手搓条做形。

闷黄是黄茶制作特有的一道工序，也是关键的一道工序。它是将茶叶趁热堆积，利用湿热的条件使茶叶变黄。黄茶闷黄的次序各有不同，有的是在杀青后闷黄，有的是在揉捻后闷黄，有的是在初次干燥后闷黄。

干燥是黄茶制作的最后一道工序，通过干燥散发水分，进一步促进色、香、味的形成，为黄茶特有的品质打下基础。

黄茶

小常识

在历史中，尚未形成系统的茶叶分类之前，人们大都是凭直观感觉辨别黄茶。这种识别方法，使很多人会混淆黄茶与其他茶类，如晒青绿茶和陈年的绿茶，因为制作工艺或存放的时间过长，而会形成黄汤的情况，还有青茶中的包种茶都是黄色黄汤，也易误认为是黄茶。

黄茶分类

黄茶是我国特产，湖南岳阳为中国黄茶之乡。黄茶根据其鲜叶的嫩度分为黄小茶、黄大茶和黄芽茶。其中黄小茶主要有北港毛尖和鹿苑茶，黄大茶主要有霍山黄大茶和广东大叶青，黄芽茶主要有君山银针、蒙顶黄芽和霍山黄芽。黄茶较为出名的是北港毛尖、君山银针、霍山黄芽和蒙顶黄芽。

❂ 黄小茶

黄小茶的采摘鲜叶标准是一芽一二叶，主要品种有湖南岳阳北港的北港毛尖、浙江泰顺县及苍南县的平阳黄汤、湖北远安县的鹿苑茶等。

❂ 黄大茶

黄大茶的采摘鲜叶标准是一芽三四叶至一芽四五叶，其产量较大，主要的黄大茶品种是安徽霍山黄大茶、广东大叶青。

❂ 黄芽茶

黄芽茶采摘的鲜叶一般为单芽，可分为银针和黄芽两种。银针主要有湖南岳阳的君山银针，黄芽主要有四川的蒙顶黄芽和浙江德清县的莫干黄芽。

黄小茶

黄大茶

黄芽茶

黄茶
问答

❧ 黄茶的由来？

黄茶由绿茶演变而来，起源于明末清初。明代闻龙在《茶笺》中曾经记述道："炒时，须一人从旁扇之，以祛湿热，否则色黄，香味俱减。扇者色翠，不扇色黄。炒起出挡时，置大瓮盘中，仍须急扇，令热气稍退……"这段记述是在制作绿茶过程中发现的，是制茶过程中干茶色泽黄变现象的最早记载。同时，对于鲜叶黄变的原因，以及防止黄变的措施，黄变对绿茶质量的影响也得出了准确的判断。

随着制茶技术的发展，人们发现在湿热条件下引起的"黄变"，如果掌握得当，可以用来改善茶叶香味和滋味，也能改变干茶色泽和茶汤色泽，因而导致了黄茶的发明。

❧ 黄茶中的闷黄

闷黄是黄茶在制作工艺上最大的特点，也是黄茶与其他五大茶类最大的区别点。闷黄技术是形成黄茶"黄色黄汤"的关键工序，缺少了这一步黄茶的品质就无法保证，也就不能称之为黄茶了。

由于黄茶种类的差异，进行闷黄的先后工序也不同，可分为湿胚闷黄和干胚闷黄。如黄山毛尖是在杀青后趁热闷黄；温州黄芽是在揉捻后闷黄，属于湿胚闷黄，水分含量多且变黄快；黄大茶则是在初干后堆积闷黄；君山银针在炒干过程中交替进行闷黄；霍山黄芽是炒干涸摊放相结合的闷黄，称为干胚闷黄，含水量少，变化时间长。

黄茶
茶艺

黄茶是我国历史出现的第二大茶类，有着非常辉煌的历史。黄茶适合用玻璃杯、瓷器茶具冲泡。

❀ 玻璃杯冲泡君山银针

赏茶：取适量君山银针干茶置于茶荷，欣赏其外形、色泽。

温杯：向玻璃杯中倒入适量热水进行温杯。

弃水：将温杯用水弃入水盂。

投茶：用茶匙将茶荷内茶叶拨入杯中，注意分茶要均匀。

注水：将85℃～90℃热水注入杯中至七分满。

品饮：1～2分钟后即可品饮。

冲泡技巧提示

在茶艺中，手拿随手泡的动作又称为"孔雀开屏"，一般将随手泡放在右侧，每次需要注水时，五指张开，慢慢向随手泡的壶柄靠拢，然后拿起随手泡注水。

知识链接

君山银针始于唐代，在清朝时期被列为"贡茶"。

君山银针外形芽头肥壮挺直，匀齐，色泽金黄光亮。香气清鲜，汤色浅黄，滋味甜爽。叶底嫩黄匀亮。

🍃 盖碗冲泡霍山黄芽

赏茶：取适量霍山黄芽干茶置于茶荷，欣赏其外形、色泽。

温碗：向盖碗中注入适量沸水。

弃水：温烫碗身后将温碗的水直接弃入水盂中。

投茶：用茶匙将茶荷内茶叶缓缓拨入盖碗中。

注水：双手持随手泡，低斟高冲注水至碗沿。

品饮：约1~2分钟后即可品饮。

冲泡技巧提示

在冲泡茶叶的过程中会来来回回使用到随手泡，因为随手泡较沉，可以双手提壶。当左手提壶时，手腕要顺时针转动，右手可拿茶巾垫于壶流底部；当右手提壶时，则要逆时针转动。让水流从碗沿内壁流入碗杯内。

小常识

品饮霍山黄芽第一泡应品茶叶的鲜醇和嗅其清香；品饮第二泡茶则要充分体验霍山黄芽带来的甘泽润喉、齿颊留香和回味无穷的特征；品饮第三泡时茶汤已淡，香气减弱。

知识链接

霍山黄芽产于安徽省霍山县，为中国名茶之一。霍山黄芽外形条直微展，匀齐成朵，形似雀舌，色泽嫩绿。香气清香持久，汤色黄绿清澈明亮，滋味鲜醇浓厚回甘。叶底嫩黄明亮。

🍃 盖碗冲泡北港毛尖

赏茶：取适量北港毛尖干茶置于茶荷，欣赏其外形、色泽。

注水：向盖碗中注入适量沸水。

温碗：双手利用力臂使碗身内壁充分预热。

弃水：后将水直接弃入水盂或能储水的茶盘中。

投茶：将茶荷中茶叶缓缓拨入盖碗中。

注水：将85℃~90℃热水注入盖碗中。

闻香：约2分钟后即可闻香品茶。

品饮：拨开茶叶品饮茶汤。

小常识

冲泡北港毛尖用的水以清澈的山泉为佳，家用自来水为次。茶具可用白瓷盖碗，也可以用透明的玻璃杯，如用玻璃杯则要有玻璃杯盖。

冲泡技巧提示

温盖碗后，在盖盖子时要让盖子和碗身之间留有一小空隙，这样当盖碗弃水时，右手端起盖碗平移到水盂上方，向左侧弃水，便能让水流从盖碗左侧小空隙中流出。左手端盖碗则反之亦然。

知识链接

北港毛尖茶对于解酒有特殊的功效。当北港毛尖进入肠胃后会形成一层黏膜覆于胃表层，对胃进行保护。

北港毛尖外形条索弯曲、紧结、重实，色泽金黄，白毫显露。香气清高，汤色杏黄明亮，滋味醇厚。

黄茶
品鉴

1 "金镶玉"——君山银针

佳茗由来 君山茶历史悠久，君山银针始于唐代，在清朝时期被列为"贡茶"。其外形像一根银针，茶芽内呈金黄色，外披白毫，因此有"金镶玉"的美称。

君山银针干茶

制作工艺 君山银针的制作经过杀青、摊晾、初烘、初包、再摊晾、复烘、复包、焙干八道工序。

最佳产地 湖南省岳阳君山岛。

鉴别要点 冲泡后芽尖竖直向下，有如群笋出土，十分美观。

君山银针茶汤

茶叶风味 干茶：君山银针外形芽头肥壮、挺直、匀齐，色泽金黄光亮，披有茸毛。

香气：清鲜，高香持久。

汤色：浅黄明亮。

滋味：甜爽，有回甘。

叶底：嫩黄匀亮。

君山银针叶底

保健功效 君山银针能产生大量的消化酶，有利于脾胃，对治疗消化不良、食欲不振也有一定的功效。同时能进入脂肪细胞，使脂肪细胞在消化酶的作用下恢复代谢功能，将脂肪去除。但要注意的是，缺铁性贫血患者、神经衰弱者、便秘者、肝功能不良者等不宜饮用。

小常识

可将干燥的君山银针用白纸包好后装入一个塑料袋内，轻轻挤压，排出空气，然后用细绳扎紧袋口，再将另一个塑料袋反套在第一个外，挤出空气扎紧后放入干燥、无味、密封的铁筒内即可。

2 明代贡品——霍山黄芽

佳茗由来 霍山黄芽的历史最早可以追溯到唐代，清代霍山黄芽为贡茶，历年岁贡三百斤，如今的霍山黄芽是1972年恢复生产并创制的，在2006年4月，国家质检总局批准对霍山黄芽实施地理标志产品保护。

霍山黄芽干茶

制作工艺 霍山黄芽的制作工艺包括杀青、毛火、摊放、足火、拣剔复火五道工序。

最佳产地 安徽省霍山县大别山一带。

鉴别要点 干茶形似雀舌，白毫较多。

茶叶风味 干茶：霍山黄芽外形条直微展，匀齐成朵，形似雀舌，色泽嫩绿。

霍山黄芽茶汤

香气：清鲜。

汤色：黄绿明亮。

滋味：鲜醇浓厚回甘。

叶底：嫩黄明亮。

霍山黄芽叶底

保健功效 霍山黄芽性寒，经常饮用会起到清热解毒的效果。霍山黄芽能产生大量的消化酶，有利于脾胃，对治疗消化不良、食欲不振也有一定的功效。

小常识

泌尿系结石者不宜饮茶，因为茶中的草酸会导致结石增多。肝功能不良者也不宜饮茶，因为茶中的咖啡碱绝大部分经肝脏代谢，肝功能不良的人饮茶将增加肝脏负担。便秘者不宜饮茶，因为茶中的鞣酸有收敛作用，能减弱肠管蠕动，加重便秘。

3 湖南名茶——北港毛尖

佳茗由来 岳阳自古以来为游览胜地，岳阳邕湖所产北港茶在唐代就很有名气。唐代斐济《茶述》中列出了十种贡茶产地，邕湖就是其中之一。唐代李肇《唐国史补》有"岳州有邕湖之含膏"的记载。

制作工艺 北港毛尖的加工方法分锅炒、锅揉、拍汗及烘干四道工序。

最佳产地 湖南省岳阳市北港和岳阳县康王乡一带。

鉴别要点 汤色杏黄明亮。

茶叶风味 干茶：北港毛尖外形条索弯曲、紧结、重实，色泽金黄，白毫显露。

香气：清高。

汤色：杏黄明亮。

滋味：醇厚。

叶底：呈嫩绿色，尚匀。

保健功效 北港毛尖茶中的可溶性糖含量比其他的茶类多，对于解酒有特殊的功效。当北港毛尖茶水进入肠胃后会形成一层黏膜覆于胃表层对胃进行保护。

北港毛尖茶水有收敛消炎作用。可以降低血管中的血清、胆固醇和纤维蛋白含量，达到降低血脂，软化血管的作用。

北港毛尖干茶

北港毛尖茶汤

北港毛尖叶底

小常识

空腹喝茶对胃的伤害非常大，可引发头晕、心慌、手脚无力等症状。喝茶时若能搭配一些小点心则对肠胃更好。同样的，饭前半小时也不宜喝茶。

第八章

识白茶，品佳茗

白茶的制作方法独特，不炒不揉，因为成品茶满披白毫，呈白色，第一泡茶汤清淡如水，所以称之为白茶。

白茶属轻发酵茶，采摘后，不经杀青或揉捻，只经过晒或文火干燥。具有外形芽毫完整，满身披毫，毫香清鲜，汤色黄绿清澈，滋味清淡回甘的品质特点。

白茶制作工序很简单，只有萎凋、干燥两道工序，因为制作简单，白茶又被称为"懒人茶"。

白茶
分类

　　白茶的分类有两种方法。一种是根据茶树的品种不同划分，可分为大白、小白和水仙白。大白主要是用政和大白茶树的鲜叶制作，水仙白主要是用水仙茶树品种的鲜叶制作，小白主要是用菜茶茶树的鲜叶制作；另一种是根据芽叶嫩度的不同，可分为白毫银针、白牡丹和贡眉。白毫银针用大白茶的肥大芽头制成，按产地不同分为北路银针和南路银针。白牡丹有水吉白牡丹和政和白牡丹等。贡眉用大白茶的嫩叶制成，品质较差的称为寿眉。

　　现如今常用的白茶分类主要是按芽叶的嫩度划分的白毫银针、白牡丹和贡眉。

小常识

　　白茶是福建省外销特种茶之一。主要产区有福建福鼎市、政和县、松溪县、南平市建阳区和水吉镇。此外，台湾少量地区也有生产。

白茶
问答

白茶适合冷泡吗

　　冷泡法就是以冷开水较长时间地浸泡茶叶，这是福鼎白茶独有泡茶方式。一般来说，发酵时间愈久，茶中的含磷量就相对愈高，冷泡茶应尽量选择含磷量较低的低发酵茶，而福鼎白茶是只经过晒或文火干燥后加工的茶，未经过发酵，冷水冲泡尤为适合。

新白茶和老白茶有何区别

新白茶和老白茶无论是外形、口感还是香气都有很大的区别。首先在外形上，老白茶外形黑褐暗淡，有一股陈年幽香，而新白茶外形则灰绿且白毫明显，有清香。其次在存放年限上，老白茶的存放时间能达到10年至20年，且年份越久茶味越醇厚香浓。而新白茶的保质期一般为两年，两年后香气、茶味散失殆尽。最后在冲泡次数上也不同，老白茶很耐泡，可以连续冲泡10次以上，滋味也很纯正，而新白茶则4~5泡过后就失去茶味了。

白茶与绿茶有何区别

▼ 制作工艺不同

白茶比绿茶在制作方法上更为简单。一般来说，绿茶是没有发酵过的茶，但要经过采摘、杀青、揉捻、干燥等过程。白茶把茶叶采摘下来后，只经过10%~30%程度的发酵直接晒干或烘干制作而成的。由于制作过程中，以最少的工序进行加工，因此，白茶在很大程度上保留了茶叶中的营养成分。

▼ 品质特征不同

白茶最主要的特点是毫色银白，素有"绿妆素裹"之美感，且芽头肥壮，汤色黄亮，滋味鲜醇，叶底嫩匀。冲泡后品尝，滋味鲜醇可口，还能起药理作用。

绿茶其干茶色泽和冲泡后的茶汤、叶底以绿色为主调，故名绿茶。绿茶的特性，更多地保留了鲜叶内的天然物质。其中茶多酚、咖啡因能保留85%以上，叶绿素保留50%左右，维生素损失也较少，从而形成了绿茶"清汤绿叶，滋味收敛性强"的特点。

白茶

白茶茶艺

　　白茶是我国六大茶类之一，因其成品茶的茶叶呈白色故得名白茶。白茶是茶中的珍品，距今有九百多年的悠久历史。白茶适合用玻璃杯、瓷器茶具等冲泡。

◎ 玻璃杯冲泡白毫银针

赏茶：取适量白毫银针干茶置于茶荷，欣赏其外形、色泽。

温杯：向玻璃杯中倒入适量热水。

弃水：将温杯用水弃入水盂。

投茶：将茶荷中的茶叶缓缓拨入玻璃杯中。

注水：将85℃~90℃热水注入杯中至七分满。

品饮：约1~2分钟后即可品饮。

冲泡技巧提示

　　冲泡白毫银针不宜用沸水直接冲泡，在冲泡前可适当将随手泡盖子揭开，待用手背触碰，手不会立马缩回时，就可以冲泡了。此外也可以用手持壶高冲，也能避免温度过高烫熟茶叶。

知识链接

清代嘉庆初年，福建制茶人用菜茶的壮芽为原料，创制了银针白毫。银针白毫鲜叶原料都是茶芽，干茶形状似针，色白如银，有银钩、银猴、银球、银龙等区别。白毫银针有"茶中美女""茶王"的美称。

白毫银针外形芽头肥壮挺直，茸毛厚，色泽白，有光泽。香气清淡，汤色清碧，浅杏黄色，滋味清鲜醇爽。叶底肥嫩明亮。

碗盅单杯冲泡白牡丹

备器：准备一套盖碗茶具，同时凉水备用。

赏茶：邀客一同欣赏白牡丹干茶。

注水：向盖碗中注入少量热水。

温碗：充分温烫盖碗。

温盅：将温碗用水倒入茶盅内。

温杯：将温盅用水倒入品茗杯中。

投茶：用茶匙将茶叶拨入盖碗中。

注水：将90℃左右热水注入盖碗至碗口。

弃水：温杯用水弃入水盂。

冲泡技巧提示

除了用茶夹夹取品茗杯弃水，也可以直接手拿品茗杯弃水。新手泡茶最好直接用手拿，待使用茶夹熟练后再用茶夹夹取品茗杯弃水。

出汤：约1分钟后将盖碗中茶汤倒入茶盅。

揭盖：将盖碗的盖子揭开，以免闷坏茶叶，影响下一泡茶汤。

斟茶：将茶盅内茶汤分斟至品茗杯中即可品饮。

品饮：举杯邀客品饮。

知识链接

白牡丹外形自然舒展，一芽二叶，色泽灰绿。香气清纯，汤色澄黄，清澈明亮，滋味清纯。叶底成朵。

碗盅单杯冲泡贡眉

备器：准备一套汝窑盖碗茶具，同时凉水备用。

赏茶：欣赏贡眉干茶的色泽和外形。

注水：向盖碗中注入约1/3的热水。

温碗：充分温烫盖碗。

温盅：将温碗用水倒入茶盅内。

温杯：将温盅用水倒入品茗杯中。

投茶：用茶匙将茶叶拨入盖碗中。

注水：将90℃左右热水注入盖碗至碗口。

弃水：温杯用水弃入水盂。

冲泡技巧提示

贡眉原料细嫩，冲泡水温不宜太高，一般控制在90℃左右。冲泡器具一般选择玻璃杯或盖碗，冲泡次数在3~4次。

出汤：约1分钟后将盖碗中茶　揭盖：将盖碗的盖子揭开，　斟茶：将茶盅内茶汤分斟至品
汤倒入茶盅。　　　　　　　　以免闷坏茶叶，影响下一泡　茗杯中即可品饮。
　　　　　　　　　　　　　　茶汤。

品饮：举杯邀客品饮。

知识链接

　　贡眉外形芽心较小，色泽灰绿稍黄。香气鲜醇，汤色黄
亮，滋味清甜。叶底黄绿，叶脉带红。

白茶品鉴

1 茶中"美女"——白毫银针

佳茗由来 清朝嘉庆初年（1796年），福鼎用菜茶的壮芽为原料，创制了白毫银针。白毫银针鲜叶原料都是茶芽，干茶形状似针，色白如银。有"茶中美女""茶王"的美称。

制作工艺 白毫银针制作过程中，不炒不揉，只分萎凋和烘焙两道工序。

最佳产地 福建省福鼎市、政和县。

鉴别要点 满披白毫，形状似针。

茶叶风味 干茶：白毫银针外形芽头肥壮挺直，茸毛厚，色泽白，有光泽。

香气：清淡。

汤色：清碧，浅杏黄色。

滋味：清鲜醇爽。

叶底：肥嫩明亮。

保健功效 白毫银针具有防辐射物质，对人体的造血机能有显著的保护作用，能减少辐射对人体的危害。

白毫银针还是安神茶，具有清热降火，清心安神的作用，有助于健康良好的睡眠。

白毫银针的多酚类、维生素、烟酸、叶酸、25种氨基酸、茶氨酸及多种矿物质等，比其他茶叶含量丰富。

白毫银针干茶

白毫银针茶汤

白毫银针叶底

小常识

中国福鼎市素有"中国白茶之乡"的称号，因属于亚热带季风气候，雨量充足，环境优美，适合茶叶的生长。其中的政和县属于福建省南平市，也属亚热带季风气候，土壤肥沃，适合茶叶生长。

2 白茶佳品——白牡丹

佳茗由来 白牡丹，以绿叶夹银白色毫心，形似花朵，冲泡后有如花蕾初放，因此而得名。1922年以前创制于今福建省建阳区水吉镇。1922年政和县也开始制作，并逐渐成为主产区。

白牡丹干茶

制作工艺 白牡丹的制作包括萎凋和烘焙两道工序。

最佳产地 福建省政和县。

鉴别要点 果香馥郁，有毫香。

茶叶风味 干茶：白牡丹只在春季采摘制作，一般为一芽二叶，并要求"三白"，即芽、一叶、二叶均要求有白色茸毛。制成的干茶外形芽叶相连，自然舒展，色泽灰绿。

白牡丹茶汤

香气：果香馥郁。

汤色：澄黄、清澈、明亮。

滋味：清纯有毫味。

叶底：芽叶连枝成朵。

白牡丹叶底

保健功效 白牡丹中富含人体所需要的氨基酸、茶多酚及硒、锌等微量元素，具有很好的润肺和清热功效。白牡丹属于不发酵茶，和绿茶一样，具有很好的防癌抗癌功效。

白牡丹中含有人体所必需的活性酶，可以促进脂肪分解代谢，有效控制胰岛素分泌量，分解体内血液中多余的糖分，促进血糖平衡。

小常识

白牡丹茶含丰富多种氨基酸，其性寒凉，夏季常喝白牡丹茶水，能有效预防中暑。此外，多喝白茶能延缓抗衰老、美白养颜，特别是白牡丹茶叶是典型的女人茶，白牡丹茶叶的美容养颜功效越来越受现代时尚人士，特别都市女性的欢迎。

3 产量最高的白茶——贡眉

佳茗由来 贡眉始创于1985年，在1989年荣获全国名茶称号，在清代贡眉因为要被上贡朝廷，所以才得此名，其本质还是寿眉。一般可以理解为"贡眉"就是比较好的"寿眉"。

制作工艺 贡眉的基本加工工艺是萎凋、烘干、拣剔、烘焙、装箱。

最佳产地 福建省建阳、福鼎、政和、松溪等县。

鉴别要点 滋味纯正，耐冲泡。

茶叶风味 干茶：贡眉的鲜叶采摘标准为一芽二三叶，要求含有嫩芽、壮芽。制作而成的干茶外形毫心明显，色泽翠绿，白毫多。

香气：鲜醇。

汤色：橙色或深黄色。

滋味：醇爽。

叶底：柔软匀整。

保健功效 贡眉能起到清热降火、清心安神的功效，有助于健康良好的睡眠。贡眉中具有防辐射物质，对人体的造血机能有显著的保护作用，能减少辐射对人体的危害。

贡眉中含有人体所必需的活性酶，可以促进脂肪分解代谢，有效控制胰岛素分泌量，分解体内血液中多余的糖分，促进血糖平衡。

贡眉干茶

贡眉茶汤

贡眉叶底

小常识

喝贡眉虽然有许多好处，但也不能过量，而且也不是所有的人都适合喝。一般一人一天饮茶12克左右，分3～4次冲泡是适宜的。体力劳动量大、消耗多、进食量也大的人，一天可以饮20克左右。

第九章

茶之艺，礼为基

中华
茶艺

唐代陆羽的《茶经》中就对茶艺进行了系统的阐述，"茶"与"艺"两字开始发生联系。到了宋代，"艺"开始同煮茶、饮茶相结合。

分门别类话茶艺

茶艺起源于中国，其分类方法有很多种，可归纳总结为按茶事活动、茶叶种类、习茶方法、饮用方法、主泡茶具和茶艺表现形式六种类型。

▼ 按茶事活动划分

按茶事活动划分又可以分为宫廷茶艺、宗教茶艺、民俗茶艺和文人雅士茶艺。

宫廷茶艺是指在我国古代帝王为敬神、祭祖或宴请群臣而进行的茶艺活动。如唐代时期清明茶宴、唐代德宗皇帝的东亭茶宴、宋代皇帝的游观赐茶等，茶宴多场面恢宏、气氛庄严，这种茶艺活动带有很强的政治色彩。

宗教茶艺主要流行于寺庙茶事当中，流传较广的有禅茶茶艺、佛茶茶艺、太极茶艺等。这种茶艺参与者多为僧侣和信教人士。

千里不同茶风，百里不同茶俗。我国有56个民族，各民族在长期的茶事实践中，创造出了很多风格独特的民俗茶艺，如蒙古族的奶茶、白族的三道茶、畲族的宝塔茶、土家族的擂茶、维吾尔族的香茶等，其表现形式各有各的不同，清饮和调饮均有之。

在古代的文人雅士中，大多喜好品茗斗茶，于是就形成了固有的茶宴。如唐代吕温笔下的三月三茶宴、白居易笔下的湖州茶山境会等，文人雅士在品茗斗茶的过程中结合吟诗、作画、抚琴、赏花等，怡情悦心、修身养性。

▼ 按茶叶种类划分

根据所泡茶类进行分类可分为绿茶茶艺、红茶茶艺、青茶茶艺等。因为所用主泡茶具的不同，又可以交叉分为壶泡茶艺、盖碗泡茶艺和玻璃杯泡茶艺，还可分为绿茶壶泡茶艺、绿茶盖碗茶艺和绿茶玻璃杯茶艺，以及红茶壶泡茶艺、红茶盖碗茶艺和花茶盖碗茶艺，等等。

▼ 按习茶方法划分

按习茶方法可以划分为煮茶茶艺、煎茶茶艺、点茶茶艺和泡茶茶艺。

煮茶茶艺

煮茶茶艺是指将茶煮出来喝的一门艺术，在唐宋时期尤为鼎盛。唐代陆羽在其《茶经·五之煮》中阐述了煮茶的详细过程，并在总结前人饮茶经验的基础上，提出了煮茶理论并通过实践得出，大大推动了唐代茶文化的形成和发展。

唐代盛行的煮茶，主要是将茶叶碾成茶末，制成茶团，饮用时将其捣碎，加入姜、盐等调料一同煮饮。

煮茶时可以加入一些佐料

煎茶茶艺

煎茶在陆羽《茶经》中开始有记载，但具体起源于何时无从得知。在《茶经》之后又有张又新的《煎茶水记》、温庭钧的《采茶录》，以及释皎然、卢仝做茶歌，使得中国煎茶日益成熟。

煎茶茶艺主要包括备器、选水、取火、候汤和习茶五大环节。

煎茶茶艺亡于南宋中期。

古时煎茶茶艺会用到片茶

点茶茶艺

宋代的点茶是在唐代煎茶法的基础上发展而来的。点茶即将少量的茶末置于茶盏中，注入少量水调匀，再根据所放茶末的多少来加开水，通常边注入开水，一边用茶筅击拂，再趁热饮用。由于所用茶叶的品质和制作会有不同，加之点茶不同的人操作也会有不同的效果，技巧性很强，于是当时逐渐盛行"斗茶"之风。

点茶一般用茶末

泡茶茶艺

泡茶从清代到现代，为民间所广泛使用，我们现在所说的茶艺多为泡茶茶艺。

泡茶茶艺对水温、时间、次数、茶叶用量及所用茶具要求较为严格，形成了一套系统的茶饮艺术。

泡茶茶艺可以用到玻璃茶具

▼ 按饮用方法划分

按饮用方法划分可以分为清饮泡茶茶艺和调饮泡茶茶艺，两者之间最大的区别在于加不加佐料问题。

清饮法是指在泡茶的过程中不调加任何佐料。清饮泡茶茶艺即指清饮泡茶的艺术，是目前最常见的一种习茶艺术。

调饮法是指在泡茶的过程中调加佐料，包括有调饮煮茶茶艺和调饮泡茶茶艺。调饮泡茶茶艺的命名主要根据所选用的佐料来定，比如牛奶红茶茶艺、果汁红茶茶艺等。

清饮泡茶出来的茶汤为茶的本色

调饮泡茶出来的茶汤会融合有佐料的颜色

▼ 按主泡茶具划分

按所使用的主泡茶具可以划分为壶泡茶艺和撮泡茶艺。

壶泡茶艺是指用茶壶泡茶，茶壶泡好茶后分斟入茶盅或茶杯中的一种冲泡方法。壶泡茶艺根据泡茶的器皿的不同，又可分为壶盅双杯茶艺、壶盅单杯茶艺、碗盅单杯茶艺和碗盅双杯茶艺。

撮泡茶艺是指直接用茶杯、盖碗冲泡茶叶后直接饮用的茶艺。目前主要有玻璃杯泡茶艺、盖碗泡茶艺。

▼ 按茶艺表现形式划分

按茶艺表现形式可以划分出舞台表演型茶艺、生活待客型茶艺、企业营销型茶艺和个人修身养性型茶艺。每种方式的表现形式不同，所用的茶具也有所不同。

舞台表演型茶艺

舞台表演型茶艺是指由一个或几个茶艺师在舞台上表演茶艺，台下观众欣赏。这种茶艺形式适合大型的茶室聚会，在普及茶文化、推广和提高泡茶技艺方面均有很大的帮助，历史题材的茶艺多用舞台表现。

生活待客型茶艺

生活待客型茶艺是指一个主泡同客人围桌而坐，由主泡讲解，客人一同参与赏茶、择水、闻香和品茗的过程，在场的每一个人都能充分领略茶的色、香、味，以及泡茶过程中所带来的美的享受。

生活待客型茶艺适用于一般的家庭活动和朋友聚会，同时政府机关、企事业单位小型聚会也可适合选用这种茶艺形式。

企业营销型茶艺

企业营销型茶艺是指通过茶艺师泡茶来向顾客介绍茶叶、茶具的一个过程。企业营销型茶艺深受茶庄、茶馆、茶叶专卖店的欢迎。

这种茶艺形式要求茶艺师具有一定的消费心理学和市场营销学知识，在茶艺表演的过程中，不仅能充分展示茶产品的内质，而且还要讲解冲泡用茶的商品魅力，激发顾客的购买欲望。

个人修身养性型茶艺

人们对于茶艺的研究越来越深入，同时随着人们对健康的要求日益强烈，个人修身养性型茶艺被越来越多的茶人选用。

这种形式的茶艺符合陆羽关于"茶性俭"的论述。

茶道与茶艺

▼ 茶道

茶道起源于中国，至少在唐代或唐代以前，就将茶饮作为了一种修身养性之道。在中国，人们普遍认为喝茶能够静心、养生，还能去除杂念，起到陶冶情操的作用。茶道被视为一种烹茶饮茶的生活艺术，一种以茶为媒的生活礼仪，一种以茶修身的生活方式。它通过沏茶、赏茶、闻茶、饮茶来增进人与人之间的友谊，美心修德，学习礼法，是一种十分有益身心的审美意识。

唐代《封氏闻见记》中就有这样的记载："茶道大行，王公朝士无不饮者。"这是现存文献中对茶道的最早记载。吕温在《三月三茶宴序》中对茶宴的优雅气氛和品茶的美妙韵味，做了非常生动的描绘。在唐宋年间人们对饮茶的环境、礼节、操作方式等饮茶仪程都已很讲究，有了一些约定俗称的规矩和仪式，茶宴已有宫廷茶宴、寺院茶宴、文人茶宴之分。对茶饮在修身养性中的作用也有了相当深刻的认识。

茶道通过品茶活动来表现一定的礼节、人品、意境、美学观点和精神思想的一种行为艺术。它是茶艺与精神的结合，并通过茶艺表现精神。

茶道也是品赏茶的美感之道

茶道的"和""静""怡""真"

中国传统文化是佛、儒、道三教精神及其影响组成的，茶文化在三教精神共同影响与作用下，逐渐走向成熟，形成中国茶道的"四谛"：和、静、怡、真。

和，中国茶道之灵魂。"和"就是阴阳相随，和而五行共生，也是佛教禅宗之明心见性，清静平和的意境。

静，中国茶道之境界。"和"是灵魂，但若没有"静"的氛围与境界，和是残缺不全的。

怡，中国茶道之感受。灵魂的跳动，是脉搏，是瞬间的人生顿悟和心境的感受，是淡雅生命中的一丝丝感动和一次次颤抖。

真，中国茶道之追求。"真"是参悟，是透彻，是从容，是圆寂，是宇宙——这与儒家"天人合一"，道家"清静无为"思想相吻合。

中国茶道是谦和，是山水，是晚霞，是哲学。所谓茶道，对于我们而言，就是美丽的"茶文化"。

▼ 茶艺

唐代陆羽的《茶经》，宋蔡襄的《茶录》，赵佶的《大观茶论》，明代张源的《茶录》等，均对中国茶的艺术、技艺进行了阐述，但"茶艺"一词并未出现。

古人言"茶艺"

在唐代诗僧释皎然的《饮茶歌诮崔石使君》中写道："一饮涤昏寐，情来朗爽满天地。再饮清我神，忽如飞雨洒轻尘。三饮便得道，何须苦心破烦恼。此物清高世莫知，世人饮酒多自欺。愁看毕卓瓮间夜，笑向陶潜篱下时。崔侯啜之意不已，狂歌一曲惊人耳。孰知茶道全尔真，唯有丹丘得如此。"可见古时的茶道多为"饮茶之道"和"饮茶修道"的结合，将个人的修行建立于饮茶艺术上，"饮茶之道"也就具有"饮茶之艺"之意，即道不离艺，艺不离道。

明代张源在《茶录》最后的"茶道"篇中说道："造时精，藏时燥，泡时洁。精、燥、洁，茶道尽矣。"其"茶道"既有"茶之艺"之意味。

今人言"茶艺"

现代"茶艺"一词最早出现在中国台湾地区，但那时"茶艺"同"茶道"为同义词，与现在茶艺的定义有较大区别。

台湾茶文化学会理事长范增平曾对茶艺进行了广义和狭义的概括。广义的茶艺是指：研究茶叶的生产、制造、经营、饮用的方法和探讨茶业原理、原则，已达到物质和精神全面满足的学问。狭义的茶艺是指：研究如何泡好一壶茶的技艺和如何享受一杯茶的艺术。其广义茶艺的概念范围广大，几乎囊括了茶文化和整个茶学。

茶人丁以寿认为，茶艺，是指备器、择水、取火、候汤、习茶的一套技艺。

综合这些茶人对于茶艺的界定，回归通俗，茶艺即是饮茶的艺术，是带有艺术色彩的行为，是日常饮茶的艺术化。

茶艺——茶的艺术

▼ 茶道与茶艺的关系

中国茶艺是升华了各个民族的饮茶习俗，融入中国古典美学，将习茶艺术化。

茶道是建立在茶艺基础上的，脱离了茶艺，茶道是不完美的。现在所认同的茶道包括茶艺、茶礼、茶境和茶修四大要素，茶艺是茶道的必要条件。

茶艺可以脱离茶道而独立存在，重在"艺"，是一门习茶的艺术，茶道重在"道"，旨在通过茶艺来修身养性，参悟大道。

在茶道养生过程中，须勤于习茶，通过茶事活动中的泡茶、品茶过程感受茶艺之美，在美的享受过程中实现对身心的滋养和对心灵的升华。

审评标准

茶叶审评是指通过一定的人为方法，来鉴别茶叶的优劣。茶叶审评是确定茶叶市场价格必不可少的一个环节，一般企业、茶厂都会有自己的审评师。

茶叶审评的作用

中国茶叶品种花色繁多，有绿茶、黄茶、青茶、黑茶、黄茶、白茶六大茶类，而每大茶类又有十几至上百种茶叶花色，加上再加工的花茶类，使得茶叶种类丰富多彩。每大类茶都有其品质特征和品质标准，衡量它们的品质才能更好地确定其价格，这一过程就需要通过茶叶审评来鉴定茶叶的好坏。

茶叶审评的内容

▼ 干茶审评

干茶主要看其外形，其中包括干茶的形状（如条形、扁形、圆珠形等），干茶的匀净度、色泽，干茶是否有茶毫，茶毫有多少，等等。通过观察干茶的外形，我们首先能辨认出茶叶的类别，此外还能鉴别出茶叶的优劣。

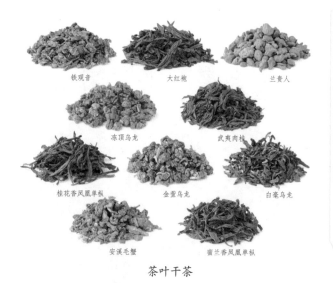

铁观音　　　　大红袍　　　　兰贵人

冻顶乌龙　　　武夷肉桂

桂花香凤凰单枞　　金萱乌龙　　　白毫乌龙

安溪毛蟹　　　蜜兰香凤凰单枞

茶叶干茶

小常识

条形茶（如滇红、祁红）以条索紧结为优质，条索松散次之；扁形茶（如西湖龙井、竹叶青）则要求形状扁、平、直；圆珠形（铁观音、涌溪火青）茶以身骨重实为优质。干茶形状、色泽整齐一致，无碎叶、梗及其他杂物的为优质。

对于一些带有毫的干茶，如白毫银针、白牡丹、洞庭碧螺春、金骏眉等，根据其毫的多少可分为显毫、有毫等，"显毫"是指干茶白毫突出，而"有毫"只表示存在白毫，数量上不及"显毫"。

▼ 茶香审评

茶香是指茶叶冲泡后散发的香气，闻香可借助闻香杯进行，也可以直接闻茶汤的香味或闻叶底的余香。

茶的香气有很多种，如清香、陈香、花香、熟板栗香、松烟香等，不同的茶叶其香气也各有不同，或高锐持久，或纯正平和。但不宜有青气、焦气、高火、老火等气味。

闻香的方法有热嗅、冷嗅及温嗅。热嗅即茶叶刚泡好时的香味，冷嗅即茶叶冲泡并冷却后的香味，温嗅介于热嗅和冷嗅之间。

▼ 汤色审评

汤色是指冲泡后茶汤的色泽。一要辨别茶汤的颜色，是碧绿、杏黄还是红褐等；二是要判断汤色的亮度，是明亮还是暗淡；三还要评定茶汤的清澈程度，是清澈透明还是浑浊有沉淀。

审评时，常出现冷后浑、金圈与毫浑等专有名词，三者都是茶叶茶汤的一种状态，与特定的茶、茶叶的品质都有一定的关系。

"冷后浑"是指茶汤冷却后出现浅褐色或橙色乳状的浑浊现象，是红茶特有现象，更是优质高档红茶的特征之一。"冷后浑"现象是茶多酚及其氧化产物与咖啡因共同作用的产物。茶汤温度升高，冷后浑现象消失。

"金圈"是指茶汤沿杯壁或碗壁形成的金黄光亮的一圈，它是茶叶中茶黄素和茶红素共同作用的结果。而如果出现"金圈"，则是一流的茶，其滋味必然浓强鲜爽。

通常我们说茶汤以清澈透明为优质，而浑浊则表示质量不佳，但也有例外的情况。

很多名优茶的毫毛极多，冲泡之后，白毫落入茶汤中，使得茶汤看上去略显浑浊，这种"毫浑"并不是由于茶叶品质不好而造成的。

红茶中的冷后浑现象

红碎茶中的金圈现象

白茶中的毫浑现象

▼ 滋味审评

审评茶汤的滋味，包括茶汤滋味的浓淡、醇厚、鲜涩、甘甜、鲜爽、青臭味、刺激性，辨别茶汤中香味有否异味及茶叶火候等。

一般第一泡茶汤用来辨别是否有杂异味、品种味；第二泡滋味最好，用来辨别鲜爽度、醇厚度、韵味、回甘等；第三泡则用来辨别茶叶耐泡性、持久性，以及与前两泡的滋味是否基本一致。

▼ 叶底审评

叶底是茶叶品评的一种常用术语，也叫作茶渣，即指干茶经开水冲泡后所展开的叶片，叶底根据茶叶品种的不同而不同。评叶底时将泡过的茶叶倒入叶底盘或杯盖中，并将叶底拌匀铺开，观察其嫩度、匀度、色泽等。

评判叶底时，常会出现绿叶红镶边、花青、暗杂等叶底相关的审评用语。

绿叶红镶边是指传统铁观音，在过去铁观音多半由人工制作而成，其摇青适中，炒青温度适中，形成叶底叶为绿色，而叶缘呈红色的品质特质。

花青一般是审评红茶时的术语。花青是指红茶的叶底中带有青色，或有青色的斑块，红中夹有青色。造成此类情况一般是茶叶发酵不均匀或拼配不当。

暗杂是指叶底的颜色偏暗，且花杂，一般出现此类情况说明茶叶的品质较差，不建议购买。

> **小常识**
>
> 品尝茶汤滋味时，用舌头在口腔内循环打转，边打转边吸气，这样能够使舌部味蕾充分感受，做出相心的综合反应。但茶汤在口中不宜打转过久，以免舌头失去敏感性。

> **小常识**
>
> 嫩度即叶底的柔软肥厚程度。
>
> 匀度即观察叶底是否匀整，有无断碎。
>
> 色泽即叶底叶缘、叶脉、叶腹的颜色。
>
> 纯度即叶底中是否混有其他品种或杂物。

色泽嫩黄、较完整、纯度较高

茶叶叶底

泡茶要素

在泡茶时，泡茶水温、投茶量、冲泡时间、冲泡次数等都是很重要，泡茶水温在之前的章节中已有提及，在此不再累赘。

✿ 投茶量

投茶量是泡茶中最重要的一点。根据所泡茶类和饮茶习惯，投茶量应有所不同。

▼ 标准投茶量

在茶叶审评中，标准的投茶量为1克茶配50毫升水，即茶水比为1∶50。根据个人口感可适当增减投茶量。

现代茶叶审评中标准为3克茶叶配150毫升的审评杯，冲泡时间为5分钟。

投茶

▼ 根据茶壶大小确定投茶量

家中用茶壶泡茶一般都是小壶泡茶，通常都是泡好几道，所以与茶叶做审评时一次性投茶量不同，而是以占茶壶有效容积的比例来投茶。泡茶时，如壶的容量大于所需容量，则注水可以只注七分满，这是的有效容积就是这七分满的量。

投茶量还跟茶类有关，如绿茶、黄茶、白茶等条索较为松散的茶，投茶量为壶有效容积的7~8分满；而像青茶、红茶、黑茶等条索较为紧结，身骨较重的茶，投茶量为茶壶有效容积的1/4左右。以上这种投茶量一般可以冲泡所泡茶类的最大冲泡次数。

小常识

如果家中只有一把小壶，而客人比较多时，可以连续泡两次奉一次茶。这时的投茶量就要有2倍了，这样才能冲泡多次。

冲泡颗粒型茶叶用小壶冲泡时，一定不要投量过多，导致最后叶底漫出壶身。

❂ 冲泡时间

冲泡时间与茶叶的种类、投茶量、冲泡水温等都有关系，不可一概而论。

一般冲泡时间越长茶味越浓，用沸水泡茶，大约在冲泡3分钟后，浸出浓度最佳，让茶汤品饮起来有鲜爽醇和之感，收敛性强。如时间再长，茶叶中茶多酚浸出，则会有苦涩感。

▼ 绿茶和红茶

大宗绿茶和红茶头泡茶宜冲泡3分钟，此时的茶味最佳，再饮时，待杯中的水剩余1/3，再续水。

▼ 青茶

青茶多用小壶冲泡，所以茶量较大，且在冲泡之前都会有温壶动作，所以冲泡时间不宜过长，一泡茶冲泡时间宜1分钟为佳，二泡茶为1分半钟，三泡茶为2分钟，依此类推。这样泡出来的每泡茶汤都较为均匀。

▼ 白茶

白茶冲泡水温较低，所以冲泡时间会较长，一泡时间在4~5分钟，此后每泡时间增加。

▼ 紧压茶

紧压茶因原料较粗老，且紧压后内含物质不易浸出，所以最好用煎煮方法，煎煮时间宜在10分钟以上。

▼ 红碎茶

红碎茶颗粒较小，茶叶中内含物质较容易浸出，所以冲泡时间宜缩短，一泡时间在3~4分钟即可。如用红碎茶调饮，则要求茶汤浓度大，一泡时间可适当加长。

冲泡次数

一壶茶究竟冲泡几次最为合理呢？根据测定，茶叶中最容易浸出的是氨基酸和维生素，其次就是咖啡因和茶多酚了。

▼ 茶类的冲泡次数

名优绿茶

绿茶在第一次冲泡时，茶中的可溶性物质能浸出50%左右，第二次冲泡能浸出约30%，到第三次时，能浸出10%左右，第四次则只有2%了，再进行冲泡，茶则淡然无味。

红条茶与青茶

大宗红茶、大宗绿茶和青茶等，一般能连续冲泡5~6次，青茶更是"七泡有余香"。

红碎茶

红碎茶则一般只能冲泡1~2次。

黄茶与白茶

黄茶、白茶则可以冲泡2~3次。

日常生活中的泡茶，无论是青茶、绿茶、黄茶、白茶，还是红茶、黑茶，均采用多次冲泡，这样能充分利用到茶叶的内含营养物质。

▼ 影响茶叶冲泡时间的因素

影响茶叶冲泡时间的因素有很多，除了泡茶水温、茶叶特征、投茶量等因素外，还有哪些其他因素会影响茶叶的冲泡时间呢？

两道茶之间的时间间隔

有时候可能会泡完第一道茶后，人就离开了，待半个小时再回来泡第二道茶，那么这第二道茶的冲泡时间就应该比原来所需时间稍短一些，因为第一道泡完后，虽然茶汤已经倒出，但是茶壶里的茶叶还是处于湿润状态，茶叶中的可溶性物质还是在析出的，所以为了茶汤浓度不至于太浓，回来继续冲泡的时间要缩短。

如果两道茶间隔是发生在第五六道了，那么这时候的茶味本来就比较淡，冲泡时间的长短对茶味的影响已经比较小了，可以稍微缩短间隔。

浓淡对下一道茶的影响

泡茶时，经常会遇到所泡之茶味道太浓或太淡的情况，这时一般人的想法就是：若这道茶太浓了，下道茶就缩短时间；若这道茶太淡了，下道茶就加长时间。其实不然，第一道茶太浓了，说明茶叶中的内含物质析出较多，为了第二道茶不至于太淡，第二道茶冲泡时间应该比正常时间更长。如果第一道茶太淡了，则表明茶的内含物质更多留在了茶叶内，第二道茶的冲泡时间应该比正常时间长一些。

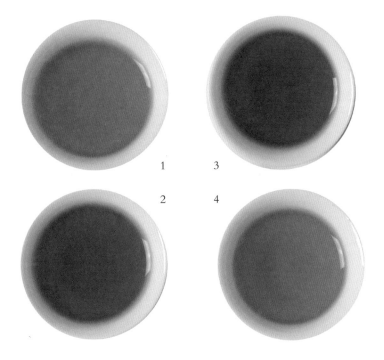

第一道至第四道茶茶汤对比图

茶亦有道

🐌 道家思想对茶道的影响

说到茶，往往都有些浪漫的精神和宁静的气质，这与道家思想有很大的关系，或者说这就是茶道在茶人身上的形象体现。

道家教人以清心寡欲，这一思想观念进入茶的世界，便自然地与茶"性俭"相和，而为"茶道"之说又充实了内容。当然道家之说中对茶道影响最大的还是对自然的追求，对自由的向往和对无拘无束生活方式的肯定。

受道家天人合一哲学思想的影响，历代茶人都强调人与自然的统一，因此中国的茶道将自然主义与人文精神有机地结合起来。茶的品格蕴含了道家淡泊、宁静、返璞归真的神韵。茶性的

清纯、淡雅、质朴与人性的静、清、虚、淡，在茶道中得到高度统一。道家在发现茶的药用价值时，也注意到了茶的平和特性，具有"致和"的功能，可作为追求天人合一思想的载体，于是道家之道与饮茶之道和谐地融合在一起。

☙ 儒家思想对茶道的影响

虽然中国道教是最早与茶、茶道、茶文化相挂钩的宗教流派，但真正将茶从食、药之用提升为文化之用、审美之用，继而将其哲理化的，却还得首推那些怀有"修身、齐家、治国、平天下"之志的儒家学子们。

儒家思想的代表"圣人"孔子与"亚圣"孟子提出了"仁、礼、义、和"的精神，成了数千年来中国人的集体无意识。

唐代陆羽是中华茶道的奠基人，他将儒家修身养性、克己复礼的道德追求融入茶道，在《茶经》中提出对品茶者的人品要求为"精行俭德之人"，这成为中国茶人普遍推崇的个人品德追求。

儒学讲究和谐，追求完善的人格，奉行积极乐观的人生观，这些也是中华茶道基本精神的核心构成。

　　"和"是儒家哲学核心思想，且与道家和佛家的思想相通，又因为儒学在中国知识分子的思想中占据主导地位，所以其对于中华茶道的影响十分深远。

　　儒家以修身、齐家、治国、平天下作为人生信条和奋斗目标，这种积极入世的思想，使得文人非常关注社会秩序的稳定与人际关系的和谐，非常重视道德教化和人格理想建设。

　　当儒家文人介入茶事活动后，发现茶的特性与儒家学说的主要精神很接近，是儒家思想在人们日常生活中的理想载体之一，他们不但自己陶醉于茶事之乐，而且将茶道发扬光大，让更多的人从事茶事活动，得到生活乐趣的同时受到儒家思想的教化。

　　中庸之道是儒家的处世信条，儒家认为中庸是处理一切事情的原则和标准，并从中庸之道中引出"和"的思想。在儒家眼里，和是中，和是度，和是宜，和是当，和是恰到好处。儒家的"和"更注重人际关系的和睦、和谐与和美。

　　饮茶令人头脑清醒，心平气和，茶道精神与儒家提倡的中庸之道相契合，茶成为儒家用来改造社会、教化社会的一剂良方。中庸之道及中和精神是儒家茶人自觉贯彻并追求的哲理境界和审美情趣。

佛家思想对茶道的影响

　　佛教自东汉末年传入我国，相对于其他几个佛教宗派来说，禅宗对中国文化尤其是中国茶文化的影响是最大的。

　　佛家禅学包括"戒、定、慧"三步。"戒"是指"佛教为出家的信徒制定的戒规"，"定"是指禅定、静虑，"慧"是指彻悟宇宙人生真相的般若智慧。佛教历来提倡禁欲、禁酒，戒荤吃素，而茶汁性淡，醒脑提神，既符合佛教戒酒禁欲、忍受苦难的教义，同时又能在坐禅时消除疲劳、刺激精神、阻止瞌睡，从而达到止息杂虑、安静沉思的效果。此外，茶先苦而后甘，其滋味本身在于自我品尝，而难以明示，正符合佛教觉、悟、参禅明义之说和"涅槃清寂，超脱轮回"的佛法主张。因此，佛家把茶叶视为"神物"，历来倡导饮茶。唐朝以前在佛家寺庵内茶事就已成为佛事活动的一个重要组成部分。以茶敬佛祖，以茶敬施主，以茶助禅功，已逐渐成了佛家习俗。佛院内外也大量种植茶树，故有"茶禅一味"之说。

　　茶与禅渊源深长，"茶禅一味"包含了许多难以阐述详尽的深刻含义。佛教在茶的种植、饮茶习俗的推广、饮茶形式的传播等方面做出了巨大的贡献，茶并非是提神生津、营养丰富的饮料，而是在讲述佛教的观念，暗藏了许多禅机，成为禅林法语。禅宗逐渐形成的茶文化中庄严肃穆的茶礼、茶宴等，具有极高的审美思想、审美趣味和艺术境界，形成了中国茶文化的全面兴盛。

茶席
设计

泡茶、品茗都是一个享受的过程，从茶器的选择到茶席的设计，或简约潇洒，或华丽隆重，或简单朴素，都能让人产生共鸣。茶席设计不仅可以体现主人的品位和茶事的主题等，还可以丰富人们的生活。

✿ 茶席布置

茶席是茶艺表现的场所，狭义的茶席是指专为泡茶、品茶和奉茶而设的茶桌或地面布置。广义的茶席是指除了专为泡茶、品茶、奉茶的茶桌或地面外，还包括了茶桌所在的整个房间。广义的茶席里有挂画、焚香、音乐等，作为衬托茶艺和增强茶艺表现力的辅助用品。

茶席总体来说，指的是在特定的茶室空间中，以茶具为主体，同时结合其他艺术形式，如焚香、挂画、音乐，来共同完成的茶道艺术的整体。

狭义上的茶席

广义上的茶席

茶席最大的作用就是为泡茶、品茶和奉茶提供环境，因此必须要有泡茶的地方和客人就座的地方。

茶席的另一个作用是能体现主人的修养情趣或茶事的主题。茶席的主人可以通过茶席的布置设计，让客人感知主人所要表达的思想，起到一个很好的传递作用，进而让客人进入茶事主题中。

❦ 茶席设计

茶席设计主要包括茶桌上茶具的组合和摆放，茶桌铺垫的选择，环境上挂画和音乐，等等。这些都是茶席设计的主要内容。让讲究生活情趣的人将艺术带进现实生活中。

▼ 茶席上茶具的组合和摆放

茶具组合是构成茶席的主体因素，也是茶席设计的基础。古代茶具组合一般遵循"茶为君、器为臣、火为帅"的原则配置，现代茶具的组合则一般遵循着实用性与艺术性相结合的原则。

茶具组合按照器具的数量可以分为两类。一是基本配置，指的是必不可少的茶具，包括茶壶、茶杯、煮水器、茶匙等。二是齐全配置，是指必不可少的茶具可以替换的茶具，包括公道杯、闻香杯、茶荷、茶漏、茶巾、茶盘等。

茶席上的茶具组合通常是自由选择配置，但也要遵从一定的实用性，尽可能地做到兼顾艺术性，这主要从以下三方面进行考虑。

根据茶叶品种选择茶具

不同的茶类品种具有不同的茶性，根据不同的茶类选择不同的茶具组合。

冲泡青茶，要求用沸水，所以选择茶具时就要考虑茶具的保温性能，可以选择紫砂茶具或盖碗茶具等这类保温性能较好的茶具。

冲泡绿茶，要求能展现茶叶在水中沉浮美，所以宜选用玻璃茶具为主。

冲泡不同的茶类选择不同的茶具

根据泡茶目的选择茶具

同一种茶叶如西湖龙井，冲泡是为了亲朋好友相聚，则可以选择玻璃杯冲泡，既方便实用，还能达到欣赏西湖龙井的目的，但如果是为了做茶叶审评，则要选择审评杯或盖碗冲泡。

根据茶事主题选择茶具

当所参加的茶事主题不同时，选择的茶具也不同，茶具的选择要跟茶事主题所反映的时代、地域、民族及参会人员的身份相一致。

茶事主题的不同选择的茶具也不同

▼ 茶席上茶具的铺垫选择

铺垫是指茶席整体或者局部物件下摆放的各种铺垫、衬托、装饰物等的总称。铺垫使茶席中的茶具等不接触地面或桌面，达到保持器物清洁的目的，同时，以铺垫自身的特征辅助器物共同完成茶事活动的主题。铺垫虽然不属于器外物，但是对茶器的烘托和对茶事主题的完美表现起到了无可比拟的作用。

不同的茶席设计主题需要用到不同的铺垫。

在选择铺垫时，其质地、款式、大小、色彩、花纹等都是需要考虑的因素。同时，根据茶席设计的主题和立意，要对选用对称、不对称、烘托、反差等手段加以选择，或铺地上，或铺桌上，或叠一角，铺垫既可以有蜻蜓流水的意象，也可以有绿草茵茵的联想。

简单的铺垫让茶桌更美观

▼ 茶室内的字画

"坐卧高堂，究尽泉壑"，在茶室中挂字画是茶席布置中很重要的内容，一般会在茶室中挂上一幅或多幅字画，体现出主人的胸怀和素养。茶室内挂画要求主次搭配、色彩照应、内容和形式相协调，要有较高的文学素养和美学修养。在茶室挂画应注意以下几点。

1.位置。如是以书法为主的字画，应选择在进门一眼就能看见的墙面上，也可以在主宾席的正上方。

2.采光。如是绘画作品，宜放在向阳的茶室内，挂在窗户或直角的墙壁上，能够起到良好的观赏效果。

3.摆放。字画是供人欣赏用的，为便于人们欣赏，宜挂在距离地面2米左右的高度最佳，如字画中字体较小，则可以适当低一些。

4.颜色。字画的颜色要与茶室的装修和陈设相协调，在简单素雅的居室内也尽可能选用简朴素雅的字画装饰。

字画让茶事更富有意境

▼ 茶室内的音乐

音乐在茶艺活动中起着重要的作用。优美舒缓的音乐可以使人放松压力、安定情绪，在舒适安逸的氛围中感受茶文化。优美的茶艺配上舒缓的音乐，是视觉上和听觉上的双重享受。

茶事活动中对音乐的选择，通常选用民乐。如古筝独奏曲《高山流水》《渔舟唱晚》《梅花三弄》《平湖秋月》《出水莲》，二胡独奏曲《空山鸟语》，古琴独奏曲《阳关三叠》《离骚》，葫芦丝独奏曲《月光下的凤尾竹》《蝴蝶泉边》等。调饮茶艺也可以选择一些古典音乐或者现代轻音乐。

播放背景音乐时，音量不宜过大，如果是现场演奏，那么演奏者应该处在茶艺表演者的侧后方，否则会喧宾夺主。

茶事活动中可以有专门的人抚琴

▼ 茶室内的插花

茶席设计是一门相对高雅的艺术，而插花是点缀茶席的一个重要部分。插花是指用自然界的鲜花、草叶为原料，经过一定的艺术加工，使花卉成为一种表达思想和情感的形象而存在。插花是一门古老的艺术，承载着人们美好的情感。中国的插花历史悠久，素以风雅著称于世，具有独特的民族风格。

茶室插花宜选择清新淡雅的花材，不要过于繁复，喧宾夺主。

茶室内可以用高清亮洁的竹叶做点缀

▼ 茶室内的焚香

焚香是指人们在动物或植物中提取天然香料进行在加工，使其形成各种不同的香型，在不同的茶艺场合中，焚不同的香，能给茶艺增添色彩，给来客带来精神上的享受。

在唐代，达官贵人、文人雅士等聚会时，都会争奇斗香，焚香在当时也和茶文化一起发展了起来；到了宋代，焚香、点茶、插花、挂画，被文人并称为"四艺"；明代的徐惟在其《茗谭》中论述茶与香的关系时说："品茗最是清事，若无好香佳炉，遂乏一段幽趣；焚香雅有逸韵，若无名茶浮碗，终少一番胜缘。是故茶香两相为用，缺一不可。"说明焚香在当时的茶艺活动中是不可缺少的一项内容。

茶艺礼仪

中国历来就被称为"文明古国，礼仪之邦"，礼仪是维系社会正常生活的起码行为规范，是茶事活动的前提。茶艺活动中注重礼仪，既能表示友好与尊重，也能感受到茶艺活动带来的愉悦，它是在人们长期共同生活和交往中逐渐形成的。

宾客礼仪

"茶礼"是人们在长期的饮茶实践中约定俗成的行为规范，饮茶礼仪中不仅有对茶艺师的，还有对宾客的。宾客中使用最多的就是叩指礼，叩指礼发生在茶艺师奉茶行完伸掌礼之后。

叩指礼是从古代的叩头礼简化演变而来的。由于"手"和"首"发音相同，所以"叩首礼"渐渐被"叩手礼"所替代。

茶艺活动中的叩指礼，是将一只手的大拇指、食指和中指稍稍弯曲，指尖捏合在一起，呈握空拳状，在古代，三个手指头弯曲还有表示"三跪"的意思，指头轻叩九下，就表示"九叩首"，沿传至今的茶艺礼仪中，行礼时用指关节轻轻叩击桌面几下，以表达对主人或主泡者的"感谢"之情。

叩指礼

泡茶礼仪

在泡茶过程中也有很多约定俗成的礼仪，如用玻璃杯茶艺中的凤凰三点头、注水过程中的回旋注水、斟茶过程中的斟茶七分满。宾客饮茶时，要及时为其续水，决不能让客人见到杯底。勤续水的寓意为"茶水不尽，慢慢饮，慢慢叙"。

凤凰三点头

凤凰三点头是指提高水壶高冲低斟反复三次，其寓意是向宾客三鞠躬，以表示欢迎。

凤凰三点头

回旋注水

回旋注水法常用在温壶、温杯、泡茶等动作中。采用回旋注水法时，若用右手则按逆时针方向旋转，若用左手则按顺时针方向旋转。其有"来、来、来"之意，寓意是表示欢迎，反之则表示"去、去、去"之意，有请人离去的寓意，所以在斟茶时一定要注意。

斟茶七分满

所谓"七分茶八分酒"，斟茶时往往只将水倒至七分满，一是因为茶斟太满不方便品饮，二是寓意着"七分茶三分情"之意。

左上（回旋注水）、左下（斟茶七分满）、右（续水）

茶忌

中国56个民族中很多民族会有自己的一些茶礼和茶忌。如：云南地区一些新婚夫妇，会有饮"合欢茶"的茶俗；贵州西南一带的苗族、布依族，会将茶鲜叶制成毛笔状，称为"状元笔茶"，用红绸包裹，给出嫁的女儿带到婆家，供奉给公婆和亲属；土族最忌讳接到有裂缝或有缺口的茶碗；蒙古族在敬客人时，客人要躬身双手接茶，不可单手接茶，否则会认为是对主人的不敬。西北地区的一些民族，忌讳高斟茶，因为高斟注水会让他们联想到草原上牲畜撒尿的场景，认为是对其人格的侮辱。广东地区在用盖碗饮茶续水时，服务人员不得主动为客人揭盖续水。

这些茶礼及茶忌都是人们在长期饮茶过程中形成的，所以到了当地一定要"入乡随俗"。

汉族传统婚礼中要给双方父母奉茶

茶艺手法

　　茶艺的手法中会有一些基础的手法，如茶艺六君子的手持法和用法，茶壶、茶盅、茶杯的手持法，温烫茶壶、茶盅的手法，等等。这些都是茶艺活动中最常见的技艺，学会这些手法，在泡茶的过程中就能得心应手。

❧ 茶壶的用法

　　茶壶有大壶、小壶、提梁壶、横把壶的区别，手持茶壶的方法也就不同。茶壶在投茶前，需要温烫茶壶，让茶壶内温度提高，这样有利于茶香的散发。

持壶方法

持小壶时，大拇指与中指捏住壶把，食指搭在壶盖上，用手腕力量提壶，无名指和小指自然向手心靠拢。

持大壶时，一只手用大拇指和食指的力量捏住壶把，另一只手中指抵住壶钮，初学者一般使用双手持壶。

单手持提梁壶时，中指按住壶钮，其余手指提住壶梁。

双手持提梁壶时，右手提住提梁，左手伸开，用中指按住壶钮。

温壶方法

单手揭盖，拇指、食指和中指拿捏住壶钮提盖，按弧线运动将壶盖放置在盖置上或茶盘上。

小常识

　　温壶前要把壶盖给揭开，揭开的动作要轻柔。如果右手揭盖，则壶盖从左侧揭起来，揭开的口先向着自己，揭开后，将壶盖轻轻搭在一侧，如果茶盘下有茶巾，也可以放在茶巾上。为方便使用，最好直接搭在茶壶的右边。

揭盖后，就可以直接注水。单手提随手泡或双手提随手泡，先低斟回旋注水一圈（左手提壶顺时针，右手提壶逆时针），再高冲注水，待注水量为小壶的1/2或中壶的1/3或大壶的1/4时，再压腕低斟一圈，后上扬断水即可。

双手持壶，按逆时针方向转动手腕，使壶内壁充分预热，可使用茶巾辅助操作。小茶壶则可以不必荡壶，直接倒水即可。

荡壶后即可将水弃入水盂中。

茶盅的用法

茶盅分有把茶盅和无把茶盅两种，它们的手持方法不同。温盅可以在温壶或温碗后直接进行，如果要温润泡的茶，也可以用温润泡的茶水温盅。

持盅方法

温盅方法

持有把茶盅时，大拇指、食指和中指拿捏住把，其余手指轻轻内扣，向掌心收拢。

持无把茶盅时，虎口张开，用大拇指和食指拿住茶盅两侧，其余手指轻轻内扣向掌心。

将滤网放到茶盅上，将温壶的水或温碗的水经过滤网倒入茶盅中，这样既能将茶盅温润也能将滤网一同温润。

茶巾的用法

茶巾在泡茶前就需要将茶巾折叠好，茶巾是泡茶过程中的辅助茶具，可以用来隔热，也可以用来擦拭水渍等。

折叠茶巾方法

第一步，将茶巾放到平整的桌上，摊开后将茶巾的四个脚拉平。

第二步，将茶巾四等分，两边对齐后，向中线对折过来。

第三步，将另一面边向中线对齐折叠。

第四步，横线方向向两边对齐，分成四等分，向中线折叠。

第五步，再次对折茶巾。

第六步，对折好后，双手压平茶巾，并将有缝的一面对着自己。

手持茶巾方法

茶巾在使用时，都是先双手拿起茶巾，再进行其他的活动。拿茶巾时，双手拇指放到茶巾上端，其余手指并拢托住底部。

小常识

茶巾多以麻布、纯棉等纤维制造，用来擦洗茶具、抹干泡茶溅出水滴等。

购买茶巾时一定要选择吸水性好的棉、麻布茶巾。

使用茶巾的方法

擦拭品茗杯时，应双手拿起茶巾，而后用左手拿住茶巾，右手拿茶夹夹住品茗杯，品茗杯弃水后平移至茶巾上，左手拿茶巾不动，右手品茗杯轻轻按在茶巾上，让茶巾吸走杯底的水滴。

在斟茶入盅或斟茶入杯时，茶壶底部如有水渍，则要用茶巾擦拭，如果是小茶壶则可以一手提壶一手拿茶巾，同擦拭茶盅；如果是大茶壶，则双手提壶将有水滴的一侧按在茶巾上，让茶巾吸干水渍。

在泡茶注水的过程中，使用的随手泡注水可用茶巾隔热。右手提随手泡，左手拿茶巾抵住随手泡底部，这样既优雅又能避免被随手泡烫伤。

在冲泡茶叶的过程中，难免会将水溅到茶盘上，这时可用茶巾轻轻将水渍擦拭干净。这里使用的茶巾必须是干的茶巾，同时，不能选用遇水褪色、起毛、掉线头、吸收性差的茶巾。

双手拿起茶巾，后左手拿茶巾，右手虎口张开拿住茶盅，在斟茶入杯前，先平移到茶巾上，让茶巾将水滴吸干，再进行斟茶。这样能防止茶盅底部的水渍滴到品茗杯中，给人造成不洁之感。

🍃 品茗杯的用法

品茗杯是用于盛放泡好的茶汤并供人饮用的器具。手持品茗杯有两种方法，温品茗杯也有不同的方法。

品茗杯分大小两种。小杯主要用于乌青茶的品啜，多与闻香杯配合使用；大杯也可直接作泡茶和盛茶用具，主要用于高级细嫩名茶的品饮。

持品茗杯

"三龙护鼎"，虎口分开，拇指和食指夹住杯身，中指托住杯底，无名指和小拇指自然弯曲、并拢，与中指靠拢。

一只手虎口分开，食指、中指、无名指和小指自然弯曲，握住杯身，另一只手中指指尖托住杯底。此方法适用于女性。

小常识

一般来说，大壶配大杯，小壶配小杯，所以在挑选品茗杯时要根据茶壶的大小来选择。品茗杯的颜色和图案也要和主体茶具相对应，这样才能和谐美观。最后，喝什么茶用什么杯，如饮用的是绿茶，宜用内壁为白色的品茗杯。

温品茗杯

直接用手拿品茗杯，转动杯身，使杯身充分接触到热水。

用茶夹夹取品茗杯，倾斜杯身顺时针旋转，温杯。

直接用手把一个品茗杯放到另一个注水的品茗杯中，拇指和中指抵住品茗杯，用食指滚动杯子，这样能将杯子完全预热。

也可以改手操作为茶夹操作，这种温杯的方法要建立在对茶夹使用很熟练的基础上，否则品茗杯容易脱落。

闻香杯的用法

闻香杯是泡茶时用来闻茶香的器具，一般在茶艺表演中用到。闻香杯比品茗杯要细长，是品饮青茶特有的茶具，与品茗杯结合使用，质地相同，加一茶托则为一套闻香组杯。

持闻香杯

单手持闻香杯时，单手虎口张开，拇指和其余四指扶住杯身，持闻香杯时，掌心要与杯身紧贴。

双手持闻香杯时，将闻香杯置于双手的掌心中，双手掌心相对，单手五指并拢。

小常识

挑选闻香杯要保温效果好，这样可以让茶的热量多留存一段时间，品饮者也能够握住杯颈暖一会儿手，也能让茶的香味散发慢些，让品饮者尽情地去观赏品味。根据这两点要求，闻香杯以细长为佳。

温闻香杯

第一步注水，温闻香杯一般是将温盅的水低斟进闻香杯中，进行温杯。

第二步用茶夹夹取闻香杯，利用手腕力量旋转2~3圈，使水充分接触到杯内壁，此步骤也可以直接用手操作。

小常识

闻香杯一般以瓷质的为好，因紫砂茶具会吸附茶的色、香、味，可能会导致茶味串失，不利于品饮者的闻香，如果是家中专用的闻香杯，也可以选择紫砂的，一种茶用一套闻香杯。

因为闻香杯一般与品茗杯结合使用，所以在质地、颜色、图案上要与已有茶具相协调、统一，让品饮者能在感受茶汁香浓同时，还能欣赏到茶具所带来的和谐之美。

第三步弃水，温杯后，将闻香杯中的水倒进品茗杯中。如温杯时用茶夹，则弃水也用茶夹。

闻香杯与品茗杯结合的使用方法

双手轮杯：茶汤低斟进闻香杯后，将品茗杯倒扣到闻香杯上。用双手的食指和中指夹住闻香杯杯身，拇指按在品茗杯上，翻转180°，使品茗杯在下，闻香杯在上。后左手拿住品茗杯，右手拇指和食指拿住闻香杯。

单手轮杯方法一：茶汤低斟进闻香杯后，将品茗杯倒扣到闻香杯上。单手操作，掌心向主泡者方向，食指和中指夹住闻香杯杯身，拇指按在品茗杯底，其余手指内收向掌心，翻转180°后，用另一只手接住品茗杯，方法同双手轮杯。

单手轮杯方法二：茶汤低斟进闻香杯后，将品茗杯倒扣到闻香杯上。单手操作，掌心向下，拇指和中指夹住闻香杯杯身，食指按在品茗杯底，其余手指轻轻搭在中指一侧，翻转180°后，用另一只手接住品茗杯，此方法亦同双手轮杯。

盖碗的用法

盖碗，由盖、碗、托组成。瓷质盖碗适合冲泡清香型、轻发酵、轻焙火的茶叶，如清香型青茶、绿茶、黄茶、白茶等；陶质盖碗适合冲泡浓香型的青茶和重发酵的黑茶、红茶等。

持盖碗

单手持盖碗时，食指按住盖钮，大拇指与中指捏住碗身，小指与无名指轻搭在中指后侧。在泡茶倒水的过程中，一般会将碗盖与碗身之间留一点缝隙，这样就能顺利地倒出水来。

双手持盖碗时，左手掌心向上，大拇指和食指拿住碗托一侧，其余手指托住底部，右手大拇指和食指拿捏住盖钮，其余手指自然收缩向掌心。

小常识

市面上的盖碗多为瓷质，适合冲泡绿茶、黄茶、白茶和轻焙火的青茶。瓷质的盖碗种类繁多，但在品饮茶汤、叶底时最好用内壁为白色的盖碗，便于欣赏茶叶品质，内壁色泽纯白如玉的最佳。

温盖碗

第一步单手揭盖，食指按住盖钮凹处，拇指和中指拿捏住盖钮两侧，左手顺时针，右手逆时针，呈弧线运动，将碗盖搭在碗托一侧。

第二步注水，单手提随手泡或双手提随手泡，先低斟回旋注水一圈（左手提壶顺时针，右手提壶逆时针），再高冲注水，待注水量为盖碗的1/3时，再压腕低斟一圈，后上扬断水即可。

第三步复盖，同揭盖时拿法相同，按揭盖时方向逆向复盖。复盖时，靠右侧给碗盖和碗身之间留下空隙。

334

第四步荡壶，双手持碗，使盖碗内壁充分预热。

第五步弃水，左手虎口张开，拇指和食指拿捏住碗身，右手提住碗盖，移至水盂上方后，左手将盖碗内的水经碗盖内侧弃入水盂中。

小常识

选择碗盖和碗身密封良好的，这样在使用时，不容易从缝隙中流出水烫手。盖钮凹进去明显的盖碗也容易烫手，所以不宜选购。

玻璃杯的用法

玻璃杯是直接泡茶用具，主要用来泡名优绿茶。玻璃杯在使用之前都需要用热水温烫，一是提高玻璃杯温度，二是清洁玻璃杯内部。

温玻璃杯

第一步翻杯，双手虎口张开，右手虎口张开向下，左手虎口张开向上，双手同时拿住杯身，左手在右手下方，同时翻转杯身，轻轻放到茶盘中。

第二步注水，单手提随手泡或双手提随手泡，向玻璃杯中注入沸水，注水量为杯容量的1/3或1/4之间。

第三步，左手五指并拢，托住玻璃杯底部，右手虎口张开，拇指和食指拿捏住杯身，利用右手手腕力量，转动杯身，使杯内热水温润到杯身内壁。

弃水方法有两种。一是将玻璃杯移至水盂上方，双手五指并拢，平行将玻璃杯捧在手心，倾斜滚动倒出玻璃杯内的沸水。二是双手拿杯，右手虎口张开，拇指和食指拿捏住玻璃杯底部，左手虎口张开，握住玻璃杯身，倾斜后，使杯内水倒出。

茶艺六君子的用法

茶针

持茶针：单手拿茶针，用拇指和食指拿住茶针的2/3处，其余手指内收。

使用一：用茶针疏通堵塞的茶壶，将茶针细的一端插进壶嘴中，将壶嘴内的茶渣导出。

使用二：在调饮茶艺当中，用茶针搅拌泡好的奶茶。

茶匙

持茶匙：单手拿茶匙，拇指和食指拿捏住茶匙的2/3处，其余手指向内收缩。

使用一：用茶匙将茶荷内的茶叶拨入玻璃杯（茶壶）中。

使用二：用茶匙将茶叶罐中干茶拨入茶荷中。

茶夹

持茶夹：单手拿茶夹，拇指和食指拿住茶夹两侧，拿时要稍微靠前，不然夹取东西容易脱落。

使用一：在双杯泡茶时，会用茶夹夹闻香杯。

使用二：当使用的品茗杯较小时，可用茶夹夹品茗杯温杯、弃水等。

茶则

 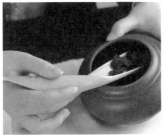 

持茶则：单手持茶则，拿住茶则1/2的位置。

注意：茶则的造型有很多种，根据不同的造型，持法也不同。

使用：用茶则将干茶投到盖碗（茶壶）中。

茶漏

持茶漏：单手持茶漏，虎口张开，拇指和食指拿住茶漏两边即可，其余手指内收。

使用：当使用小茶壶时，其壶口较小，直接投茶的话茶叶容易溢出，所以用茶漏增加壶口面积。

箸匙筒

箸匙筒的作用是盛放茶匙、茶则、茶夹、茶漏和茶针。箸匙筒多为竹木材质，少许为不锈钢材质。

取茶的方法

茶刀取茶

紧压茶一般都需要茶刀才能取茶。取茶时，左手按住茶饼，右手拿茶刀，在茶饼侧面找到缝隙处，将茶刀插入，再向上撬动，即可将紧压茶撬开使用了。

茶叶罐开盖、复盖的方法

茶叶罐开盖、复盖方法：双手捧起茶叶罐，双手食指按在罐盖两侧的位置，拇指和其余手指托住罐身，食指向上推力，待罐盖与罐身快到分开时，左手拿住罐身，右手掌心向右，拇指和食指拿起罐盖呈抛物线运动，将其放在茶盘或茶桌上，取好茶后，右手按原来的轨迹将盖子复位，双手再同开盖方式一样，施力将盖子复位。

取茶方法一

茶叶罐倒茶入茶荷：左手拿住茶荷，右手直接取茶叶罐，左手不动，右手虎口张开拿住茶叶罐，向茶荷中倒茶，茶量合适后，先将茶叶罐复位，双手拿茶荷即可进行下一步动作。

取茶方法二

茶则取茶：右手拿茶则，左手拿起茶叶罐，将茶叶罐移至茶荷上方，左手不动，右手用茶则舀取茶叶放入茶荷中，待取所需量后，先将茶则复位，再将茶叶罐复位。

取茶方法三

茶匙拨茶：右手拿起茶匙，左手拿起茶叶罐，将茶叶罐移至茶荷上方。用茶匙轻轻将茶叶罐中的茶叶拨入茶荷中，待取所需量后，先将茶匙复位，再将茶叶罐复位。

投茶入壶（碗）方法一

左手虎口张开，拿茶荷，右手从箸匙筒中取茶匙，将茶荷中的茶叶拨入茶壶或盖碗中，拨一般分三次，依次是"里外中"，先将里面的拨一下，再外拨一下，后将中间拨入。

投茶入壶（碗）方法二

当使用的茶壶壶口较小时，要用到茶漏。此时，先将茶漏移到茶壶口上，再茶荷和茶匙，用茶匙过茶漏将茶叶拨入茶壶中。

茶艺流程

泡茶的基本流程包括赏茶、投茶、浸泡、斟茶、奉茶和品茶。每一个过程都有不同的技法，如投茶就有上、中、下投茶方法，以体系的学习来体验泡茶，是最快捷的方法。

☕ 赏茶

在泡茶流程中，首先是赏茶。赏茶是为了让宾客欣赏所泡之茶的外形和色泽。赏茶要借助茶荷，茶荷是用来观赏干茶色泽和控制投茶量，其材质有竹、木、陶。

拿茶荷时，左手虎口张开，拿住茶荷。右手五指并拢，向掌心内收拢，抵住茶荷。也可以双手拇指放在茶荷一侧，其余手指一同托住茶荷底部。

泡茶者双手拿茶荷，将茶荷从左到右巡回一边，让坐在对面和旁边的客人均能观赏到所泡之茶。离宾客所坐位置较远时，泡茶者或助泡可将茶荷送到客人面前进行观赏。

☕ 投茶

壶泡茶艺、碗泡茶艺中投茶的方法都是先放茶叶再注水，而玻璃杯茶艺则不相同，其投茶方法共有三种，分别是上投法、中投法和下投法。日常生活中，名优绿茶一般都是先放茶叶再注水，此方法即为下投法，下投法亦较为常用。

壶/碗泡茶的投茶方法

壶泡茶艺和碗泡茶艺都是先投茶后注水。红茶、黑茶、青茶需要温润泡，在投茶后，注水量为壶/碗容量的1/3。

玻璃杯泡茶的投茶方法

上投法，在杯中注入约七分满 的水，再投茶。

中投法，在杯中注入约1/2的沸 水，投茶，再注水。

下投法，先将茶叶投入杯中， 再注入水。

小常识

　　上投法适合干茶条索较为紧结且芽叶细嫩的茶，如洞庭碧螺春、毛尖等；中投法或下投法适合干茶条形松展、不宜沉入底的茶，如黄山毛峰、太平猴魁等。

　　投茶的方法不仅和茶品、水温相关，还和季节相关，一般夏季适合上投法，冬季适合下投法，春秋季适合中投法。夏季时，泡茶的水温偏低，用上投法后茶叶能缓缓沉入杯底，可欣赏到优美的茶形，还能使茶香四溢。冬季时，用下投法最能激发茶的真性。

浸泡

　　浸泡茶叶时，需要掌握泡茶四要素，分别是泡茶水温、投茶量、泡茶时间和冲泡次数。每一种类茶的泡茶四要素都不相同，甚至相同茶类不同茶品的四要素也有细微的差别。只有采用符合茶品的泡茶四要素，才能真正泡出一杯好茶。

泡茶水温

　　泡茶水温顾名思义就是冲泡茶叶的水的温度，不同的茶泡茶水温都不相同。准确地掌握泡茶水温是泡好茶的第一步。泡茶所需水温的高低，与所泡之茶可溶于水中的浸出物的浸出速度有关，一般水温越高，浸出的速度越快。相同时间里，水温越高所泡的茶浓度越高，反之水温越低茶味越淡。

小常识

　　陆羽的"三沸"理论至今仍适用于茶叶冲泡，他在写到水的沸腾程度时："其沸，如鱼目，微有声，为一沸；缘边如涌泉连珠，为二沸；腾波鼓浪为三沸，已上，水老，不可食也。"说明那时候的人们对于泡茶水温就极其讲究了，认为在煮水壶有"滴滴"微响时，就为"一沸"；待煮水壶边缘有如泉涌时，为"二沸"；水在壶中如腾波鼓浪时，为"三沸"，再继续煮，水则老了，不适宜用来泡茶。

泡茶水温不是越高越好，要根据茶叶的老嫩、大小、松紧程度来定。如细嫩的名优绿茶适宜的泡茶水温，是在80℃~85℃之间，这样泡出来的茶香气纯正、汤色清澈、滋味鲜爽、叶底明亮。如温度过高，茶汤容易苦涩，温度过低则茶味淡薄。大宗绿茶、花茶等适宜的泡茶水温是在90℃左右。

青茶、红茶、黑茶三种茶类的原料粗老程度递增，所以泡茶水温也递增，青茶适宜用90℃~95℃的水冲泡；红茶则宜用95℃以上的沸水冲泡；黑茶则需要100℃的沸水冲泡，有些紧压茶如安化千两茶、普洱沱茶、七子饼茶则要先将砖敲碎，再放到壶盅煎煮才能饮用。

绿茶	青茶	红茶	黑茶	紧压茶

从左到右茶叶原料粗老程度递增，泡茶水温亦递增。

投茶量

关于投茶量首先要提一个泡茶过程中经常使用到的概念——茶水比，顾名思义就是茶叶与水的比例，这也是控制投茶量的关键。

标准的投茶量为1克茶配50毫升水，即茶水比为1：50。根据所泡茶类和饮茶习惯，投茶量都不可以完全按照一个标准。习惯饮浓茶者，投茶量可稍增加，反之亦然；优质茶叶，投茶量可稍减，反之亦然；投茶量多则冲泡时间缩短，少则加长。

小常识

以泡青茶为例，其投茶量也可以根据其发酵程度来选择。

发酵最轻的青茶如文山包种茶、阿里山茶等，其投茶量为紫砂壶的2/3至3/4之间。

轻发酵的青茶如冻顶乌龙、台湾高山茶等，这些茶的投茶量为紫砂壶的1/2至2/3之间。

发酵较重的青茶如东方美人、大红袍、铁罗汉等，其投茶量以紫砂壶的1/3至1/2为宜。

用茶匙控制投茶量

冲泡时间

冲泡时间长短直接关系到茶汤的口感，冲泡时间越长茶味越浓。用沸水泡茶，茶中的咖啡因、维生素等，大约在冲泡3分钟后，浸出浓度最佳。如时间再长，茶叶中茶多酚浸出，则会有苦涩感。

冲泡时间又与茶叶的种类、置茶量、冲泡水温等都有关系，不可一概而论。不同的茶类其内含物质不同，所以冲泡的最佳时间也不同。

冲泡次数

一壶茶究竟冲泡几次最为合理呢？根据测定，茶叶中最容易浸出的是氨基酸和维生素，然后就是咖啡因、茶多酚。

茶叶冲泡时间、次数一览表

绿茶	青茶	红茶	白茶	黄茶	黑茶	紧压茶
一泡茶宜冲泡1~2分钟，此时的茶味最佳，再饮时，待杯中的水剩余1/3，再续水	一泡茶宜冲泡1分钟，二泡茶则1.5分钟，三泡茶为2分钟，依此类推	一泡茶宜冲泡2~3分钟，待杯中的水剩余1/3，再续水	一泡时间在4~5分钟，后每泡时间增加	一泡茶宜冲泡4~5分钟，而后每泡时间增加	一泡茶宜冲泡3分钟，三泡茶2分钟，依此类推	最好用煎煮方法，煎煮时间宜在10分钟以上
一般能连续冲泡3~4次	一般能连续冲泡7次	一般能连续冲泡5~6次	一般能连续冲泡2~3次	一般能连续冲泡2~3次	一般能连续冲泡5~6次	一般能连续冲泡5~6次

☙ 斟茶

斟茶是指茶汤泡好后入茶盅/茶杯的动作。斟茶动作是在壶盅泡法和碗盅泡法才有的，主要有斟茶入盅和斟茶入杯两种。其中斟茶入杯又分为斟茶入闻香杯和斟茶入品茗杯。像玻璃壶茶艺、飘逸杯茶艺没有斟茶动作。

斟茶入盅，就是将茶壶中泡好的茶汤，过滤网一次性全部倒进茶盅的动作。

斟茶入品茗杯，就是将茶盅内泡好的茶汤低斟进品茗杯中，注意茶汤要分配均匀。

斟茶入闻香杯，在碗（壶）双杯中，有斟茶入闻香杯的动作，就是将茶盅内的茶汤先低斟进闻香杯中。

☙ 奉茶

奉茶是指将泡好的茶汤端给客人享用。若客人与泡茶者是促膝而坐时，奉茶可以直接在原位上奉，即泡茶者坐着或原位站起来将泡好的茶敬奉给客人；若客人与泡茶者相距较远，则可以由助泡奉茶。

奉茶主要有端杯奉茶、持壶奉茶和持盅奉茶，端杯奉茶的茶是指泡好的第一道茶汤，持壶和持盅奉茶的茶则是第二或第二道以上的茶汤，即为续茶。

小常识

奉茶盘是茶盘的一种，但只做奉茶时用。一般在奉茶时用来盛放茶壶、茶盅、茶杯等，是一种浅底器皿。

无论是在冲泡的过程中，还是奉茶的时候，如茶杯或茶盅有图案，均要面向客人。在奉茶时，奉茶者将有图案一侧面向客人，客人可端起茶杯后，可一面欣赏茶汤色泽，一面将图案一侧转到外方。

奉茶时，要遵循长幼有序、先客后主的习惯。如都是同辈人，则可以先近后远。

将有图案一侧面向客人

端杯奉茶

　　当客人与泡茶者距离较远时，就要用到奉茶盘。泡好茶后，依次将品茗杯放到奉茶盘上。以四只品茗杯为例，奉茶盘在右手边时，其摆放先后顺序应该是：右上角→左上角→右下角→左下角；奉茶盘在左手边时，其摆放先后顺序是：左上角→右上角→左下角→右下角。放好品茗杯后，泡茶者端起奉茶盘走到客人面前，先将奉茶盘放到客人桌前，如有助泡，则可以让助泡端着奉茶盘到客人前侧。双手端杯放在客人面前，并行伸掌礼。当泡茶者端奉茶盘走到客人面前时，客人亦可以自行取茶杯，这样既能节省时间，也能让奉茶者减少接触杯口的机会。

　　奉给客人的第一杯茶应该是摆放茶杯时的最后一杯茶。当第一杯茶奉给客人以后，奉茶者要向后退一步，再走向下一个客人。在这退一步时，还要先调节一下奉茶盘里的杯子，将靠近奉茶者的那一杯向中间移动，使奉茶盘里的杯子呈三角形。奉第二、第三杯茶后，也要将茶杯调整位置。

端杯奉茶

持盅（壶）奉茶

　　持盅（壶）奉茶一般是奉第二道及以上的茶汤。泡好茶后，将茶壶中的茶汤全部倒进茶盅内（或直接持壶），先双手捧起茶巾移到奉茶盘上，将单手持盅（壶），放到奉茶盘中间，走到客人桌前，低斟茶入杯中，如在奉茶的过程中，茶盅（壶）底部有水渍，可先在茶巾上按一下，再斟茶。

持盅奉茶

小常识

　　奉茶盘在使用时，若奉茶盘具有明显的方向性，则要依据其方向来端。如奉茶盘上有花纹或诗词，则要让花纹的正面朝向自己；若无花纹或诗词，奉茶盘有镶边的话，则要将镶边的接口一侧面向自己。

　　我国历来就有"客来敬茶"的民俗，而茶盘在这里就有了不可或缺的作用。有了奉茶盘，茶壶、茶盅、茶杯才能呈现在客人面前，所以就算是在郊区或公园里的一期一会，也最好有一个茶巾来替代奉茶盘的角色。

🍥 品茶

　　茶须慢慢品、细细品，西湖的龙井、福建的乌龙、广东的工夫及四川的盖碗都深得品饮之道。如龙井一旗一枪、亭亭玉立，饮一杯，顿觉唇齿留香，一股太和之气，弥散全身。乌龙讲究"高冲、低斟、刮沫、淋壶"等艺术，举杯轻啜，以舌品味，茶汤入喉，既能辨其味，又能品其神韵。

　　鲁迅先生在文章中说道："有好茶喝，会喝好茶，是一种'清福'。不过要享这'清福'，首先就须有工夫，其次是练习出来的特别感觉。"特别感觉所指就是品茶的文化修养。沏茶、赏汤色、品滋味是一种技术，也是一种艺术，更是一种境界。